拜占庭服装史

8—12世纪拜占庭绘画中的世俗服装

[美] 詹妮弗·鲍尔 著
魏 丽 译

中国纺织出版社有限公司

图书在版编目（CIP）数据

拜占庭服装史：8—12 世纪拜占庭绘画中的世俗服装 /（美）詹妮弗·鲍尔著；魏丽译．-- 北京：中国纺织出版社有限公司，2025.3. --ISBN 978-7-5229-2312-3

Ⅰ．TS941-091

中国国家版本馆 CIP 数据核字第 20254XL769 号

责任编辑：华长印　王思凡　　责任校对：高　涵
责任印制：王艳丽

中国纺织出版社有限公司出版发行
地址：北京市朝阳区百子湾东里 A407 号楼　邮政编码：100124
销售电话：010—67004422　传真：010—87155801
http://www.c-textilep.com
中国纺织出版社天猫旗舰店
官方微博 http://weibo.com/2119887771
北京华联印刷有限公司印刷　各地新华书店经销
2025 年 3 月第 1 版第 1 次印刷
开本：787 × 1092　1/16　印张：12
字数：225 千字　定价：128.00 元

凡购本书，如有缺页、倒页、脱页，由本社图书营销中心调换

前言

在拜占庭中期的皇帝君士坦丁·普菲尼基尼特斯（Constantine Porphyrogennetos，公元913—959年在位）的宫廷中，一位侍臣曾参加了宫廷一整天的庆典活动，在这一天中，侍臣往返于大教堂，并更换了五次服装。[1]像他这样级别的侍臣的酬劳除了金钱外，每年还能得到纺织品、服装和配饰等。另外，当时的侍臣和其他宫廷人员在什么场合应该穿什么衣服，都有约定俗成的规范要求。拜占庭学者长期以来一直致力于拜占庭官方服装的研究，尤其是与宫廷仪式密切相关的礼服的研究。拜占庭帝国的侍臣和官员的服装常被视为对罗马帝国服装的继承和延续，拜占庭的军队制服也被认为与罗马帝国的军服一致。本书也认为拜占庭服装一直遵循和延续着罗马的服饰传统，但在实际生活中，拜占庭服装并没有受到严格的束缚，拜占庭人有时可以很随意地选择服装，其始终对服装的创新、借鉴，甚至对时尚潮流等充满了浓厚的兴趣。

在拜占庭帝国，时尚是一门很高级的艺术，拜占庭的时尚服装也被视为是在欧洲和地中海世界中最卓越和最有吸引力的服装。拜占庭的时尚服装还渗透到了帝国的边境地区，成为西欧宫廷羡慕的对象。[2]除了拜占庭的宫廷阶层外，其他社会阶层也很重视服装，但关于其他阶层服装的研究至今还没有引起学界的足够关注。拜占庭帝国时期的那些受过良好教育的历史学家们，以及那些记录圣徒生活的传记作家们，他们通常从鉴赏家的角度来描述和记录当时的服装形态，如在拜占庭早期的一篇文本资料中，就记录了一个佩戴着金色腰带的奴隶形象，作者描写金腰带的目的是凸显其主人的财富。[3]根据文献记载，在潘托克拉托修道院（Pantokrator Monastery）的赞昂医院（Xenon Hospital）住着一位来自君士坦丁堡的普通市民，在他入院时，他身上穿的所有衣物都会被清洗干净，在他出院时，还会收到一套新的服装。[4]另外，为了生动描述日常生活中圣徒所显现的神奇异象，传记作家们会专门描写奢华的黄金饰品和丝绸质地的服装等来凸显圣徒的不同寻常。[5]另外，根据文献可知，在赛马场上的战车手也会穿着优雅的服装前来参加比赛。[6]只有修女或修士们常常穿着粗布便衣，这也许是他们刻意对拜占庭的时尚社会做出的一种反应。由此可见，服装对拜占庭人来说是极其重要的，所以，对拜占庭时尚服装进行深入研究是相当有必要的，但迄今为止很少有人涉及这一领域。[7]

与其他历史时期一样，拜占庭服装也是识别穿着者身份的一种代码，因为服装直接表明了穿着者的等级、财富、性别、职业和地域等相关信息。这个代码也可以被视为符号，也就是说，拜占庭服装是一个可以供他人阅读的代码，也是刻意形成的一种特定代码，最典型的例子就是宫廷服装。宫廷服装是由一整套具有象征性的、等级清晰的服装元素组成，如款式、颜色、配饰等共同构成的。拜占庭服装代码还表达了穿着者的特定群体或社会阶层，最具代表性的例子就是公元12世纪居住在古希腊卡斯托里亚（Kastoria）地区的富有女子的服装，长裙由进口面料制成，长长的袖子呈敞口袖型，这种敞口袖的样式来自西欧，虽然在这里的代码并不像宫廷服装中的那样精确易读，但也显示出了穿着者的特定阶层。同时，与帝国的其他地区相比，卡斯托里亚是帝国的纺织品贸易中心，与西欧有着频繁的互动。社会学家弗雷德·戴维斯（Fred Davis）指出，一般来说，仅仅通过服装来判断一个人的身份是不够准确和全面的，因为同一件衣服出现在不同的时间和地点时，可以表达出不同的含义，另外，不同的群体对同一件衣服也会有着不同的看法和理解。[8]

也许服装应该被视为一种初级代码，它是暗示性的、模糊性的、初级的，是借鉴某种文化传统中的视觉符号和触觉符号的结果，因此，服装代码中的关键术语，如面料、质地、颜色、图案、体积、轮廓等，其排列组合关系不同，以及出现的场合和时间不同等，都会引发新的服装含义。[9]本书并不是要破解拜占庭服装的代码，即便像宫廷服装中那些鲜明的代码，本书旨在呈现拜占庭人对待服装的态度，并揭示出穿着者的身份与地位，如性别、民族、职务、收入等信息，同时，我们还可以通过服装传达出的这些信息来进一步理解肖像画。

服装不可避免地与时尚联系在一起。大家公认的服装代码也会不断发生变化，特别是当穿着者和观看者都对服装有了新的认知后，新的变化就随之发生了。[10]如在拜占庭曾流行过包头巾（turban），其是一种在亚美尼亚世界或伊斯兰世界中专门授予统治者的头饰，以表示尊敬和尊贵，逐渐地，包头巾在拜占庭东部的各行省也流行起来，成为地位和身份的象征，甚至出现在帝国首都君士坦丁堡，发展成为一种帝国时尚。最后，随着包头巾与伊斯兰教义之间联系的不断增强，包头巾才逐渐在拜占庭世界消退。

许多服装史学家都一致认为，直到文艺复兴时期时尚才开始出现，这是由于当时快速变化的服装款式促进了服装的设计、创造和销售的体系化，时尚随之产生。一般认为，时尚始于公元14世纪的意大利或法国。[11]学者们也普遍认为，在公元14世纪之前的拜占庭世界，尽管有着华丽的宫廷服装和实用的束腰外衣丘尼克（tunics）等多种样式，但还不能将其定义为时尚。例如，服装史学家安妮·霍兰德（Anne Hollander）在谈到中世纪服装时写道：

无论是中世纪的西方还是东方，服装形态都相对简单。在公元12世纪之前的欧洲，有很多种方法可以对服装进行调整，如进行长短的变化、对服装细节的变化等，这些都是与实用性密切相关的变化，这些调整变化方法适用于富人、穷人和修士的服装。通常，富人都穿华丽的布料，穷人则穿粗布面料，但无论是何种阶层、何种性别，当时所有服装的剪裁方式和合体程度几乎都是一样的。虽然贵族的服装直接表达了财富和等级，但在样式上并没有审美或风格上的优越感。所以，在这一时期，时尚并没有真正出现。[12]

然而，本书认为拜占庭帝国是存在时尚的，[13]这种时尚是根据拜占庭民众的欲望和品位产生的，并在消费过程中形成的一整套的时尚体系，它与传统的服装规范共存并交织在一起。拜占庭时尚体系的变化是缓慢的，这也反映出了当时拜占庭的经济形势。拜占庭服装的结构简单，不讲究精细的剪裁，其原因之一是拜占庭的服装会被多次重复使用，一直被使用到穿着者离世，当穿着者离世后，其衣物还会被继续使用，[14]比如作为礼拜仪式的一部分来使用。拜占庭服装与之后的服装发展情况相比，其发展速度的确相对缓慢，这是因为中世纪那些运输织物和染料的商人们要经过漫长的旅途才能完成贸易。在中世纪晚期和意大利文艺复兴时期，纺织品的染色、织造和贸易已在意大利地区得到了一体化的整合。但拜占庭的情况并非如此，拜占庭的染色工坊主要集中在希腊，丝绸生产主要集中在君士坦丁堡和叙利亚地区，亚麻布生产主要集中在埃及，当时拜占庭的染织技术也相对简单。尽管如此，拜占庭世界还是存在时尚的，虽然这种时尚与服装史学者们所定义的时尚有着很多的不同。

比较严谨的研究方法是，首先要明确“礼服”一词的含义。通常，历史学家在描绘一般性的服装时会使用不同的词语，如“戏装”“时装”“礼服”等词。礼服起到了遮蔽身体或改变身体形态的作用，穿着者和观看者都认为礼服传达了某种含义。礼服[15]一词在当前的时尚理论和历史文献中都备受青睐，其原因有以下几点：首先，它超越了简单的衣装，改变了身体的形态，像“衣服”一词就不具备这层含义；其次，礼服一词还可以包含发型、饰品、文身等服装配件；最后，礼服一词还可以泛指任何时期的、经过调整变化的服装。通常，历史上的礼服也会被称为“戏装”，这是因为那些为剧院设计和制作服装的人促成了早期服装史的形成。某种程度上，将礼服描述为戏装又意味着人们穿着并非生活中的服装。[16]学者们用“时装”一词来描述从文艺复兴到今天的服装，这意味着在文艺复兴之前的服装以实用性为主。然而，礼服一词与任何的时间分期或历史概念等都毫不相关。从性别方面来看，礼服一词也是中性的。直到最近，随着大众对时尚兴趣的增长，以及与礼服相关的研究的展开，礼服才被视为与女性密切相关的服装。[17]因此，在这里，将礼服视为一个中性的术语是至关重要的。此外，对于那些致力于时尚的拜占庭的男性和女性，使用这个中性的术语亦是非常恰当的。

在服装史上认为拜占庭世界不存在时尚的看法，也是由于遗存的拜占庭服装的数量极少，目前没有一件完整的服装遗存，这也是拜占庭服装研究中最大的困难。所以，部分学者主要研究拜占庭织物碎片的纤维和结构，而关于这些碎片构成的服装形态，目前还没有人涉及。对拜占庭纺织品研究做出极大贡献的学者是安娜·穆特修斯（Anna Muthesius），她有着极为丰富的拜占庭丝绸资料库。[18]另一位重要的学者玛丽埃尔·马提娜尼·雷伯（Marielle Martiniani Reber）主要研究拜占庭丝绸，她将拜占庭的丝绸设计与萨珊王朝的丝绸设计联系起来，探讨了拜占庭丝绸的源头问题。[19]另外，经济史学家们还将这些织物碎片放置在丝织物的生产体系下进行探讨。[20]所有这些研究都对我们认知拜占庭服装起到了至关重要的作用，但在这些研究中，都还没有涉及拜占庭的服装规范及其所表达的含义。

服装史学家们认为拜占庭不存在时尚，这一观点又使得拜占庭服装常常被忽视。以迪西瑞·考斯林（Désirée Koslin）和珍妮特·斯奈德（Janet Snyder）为代表的西方中世纪服装史学者们开始改变这一观点，[21]她们开始着手研究皇室宫廷之外的服装形态，其中最重要的学者是玛丽亚·帕拉尼（Maria Parani），她在研究公元11—15世纪的拜占庭史时就涉及服装。[22]学者沃伦·伍德芬（Warren Woodfin）对教会服装的研究作出了重大贡献。[23]此外，随着一些专题研究的展开，也为拜占庭服装研究提供了一定的知识储备，如罗伯特·纳尔逊（Robert Nelson）全面解读了乔拉修道院（Chora Monastery）壁画中圣徒的服装形态；乔伊斯·库比斯基（Joyce Kubiski）深入研究了拜占庭晚期的服装对西方世界的影响，以及对奥斯曼帝国服装的影响；凯瑟琳·乔利韦·利维（Catherine Jolivet-Levy）的最新研究成果还指出来了大天使的服装与帝国服装之间的关联性。[24]然而，到目前为止，学界还没有展开对拜占庭各个阶层的世俗服装的研究。

方法论

本书通过研究绘画中的服装图像，来阐明拜占庭时尚史的一个重要组成部分，即公元8—12世纪的世俗服装。绘画与承载服装形态的其他媒介不同，比如与雕塑或钱币相比，绘画中的服装保存了大量的细节描写，如褶皱样式、扣件结构、层次关系和颜色搭配等，绘画远比其他媒介上呈现的图像更加清晰准确。同时，绘画亦为服装研究提供了大量的材料，如壁画、手抄本插图和马赛克镶嵌画中的人物肖像画，以及手抄本中表现历史场景和日常生活的画面等。

本书将通过关注服装穿着者的社会地位和经济状况，以及服装图像所处的地理位置和空间关系来展开研究，这也与通过服装来区分阶级的社会现象相一致。但由于材料的局限性，以及中世纪时尚变化的缓慢性，本文无法按时间顺序展开，例如，帝国装饰领罗鲁斯（loros），其形态在近七个世纪里保持不变。另外，在研究单件服装时往往忽略这样一个事实，即对服装的象征性研究。必须注意的是，图像的赞助人和表现图像的艺术家可能都是在表现某种特定的服装，以传达穿着者的相关信息，并不是要表现服装本身的样式。所以，最合适的研究方法应是从拜占庭人的视角来观看图像中的服装，将服装视为拜占庭人的地位、等级和地区的标志。本书的第一章和第二章分别介绍了君士坦丁堡的皇室与宫廷的服装。第三章比较了拜占庭首都君士坦丁堡贵族精英的服装与帝国边境地区贵族精英的服装。第四章通过观察绘画中经过类型化、程式化处理后的非精英阶层的服装形态，来呈现出社会下层阶级的服装特点。第五章整理了遗存的服装残片，这是研究拜占庭中期服装的重要支撑材料。通过梳理中世纪的实物遗存，并将这些遗存与绘画中的服装进行比较，不仅可以证实或证伪绘画中的服装样式，还能辨别出艺术家如何进行自我想象和发挥。但由于遗存的服装残片数量极少，所以本书的研究重点始终是绘画中服装的表现及其传达的含义。

除了图像和实物资料外，本书还将使用第三种极为重要的资料，即文学作品中描述的服装。流传下来的两本重要的关于拜占庭中期服装的文本是《礼记》（*The Book of Ceremonies*）和《克莱托罗吉翁记》（*The Kletorologion*），这为服装史学者提供了宝贵的文本信息。另外，我们也常常在历史文献和圣徒传记中见到服装的相关记载，这也说明拜占庭中期的世俗服装是有一定特征的，是可以进行描述的。

本书选择了拜占庭中期这一时间段是因为在中期的服装发展到了一个高峰，在当时整个欧洲的纺织业中，拜占庭服装一直起着主导作用，并处于领先地位。拜占庭早期的服装在很大程度上继承了罗马帝国的服装传统，如拜占庭皇帝们都穿着罗马军事短斗篷克拉米斯（chlamys）和丘尼克。另外，在领事官员们的装饰衣领罗鲁斯中还能看到罗马式托加（toga）的影子。在丘尼克上饰有克拉比（clavi，从肩到下摆处装饰着两条红紫色的条形装饰带），这也与罗马时期的装饰手法完全相同。到了拜占庭后期，其服装的特征又变得不鲜明了，因为拜占庭帝国与西方世界建立起更加密切的联系后，其后期的服装往往融合了来自西欧地区的好几种风格，如生活在克里特岛的拜占庭人通常会穿着威尼斯人的服装。随着意大利地区纺织业的不断发展和扩大，大量的意大利纺织品涌入拜占庭首都，特别是来自威尼斯和热那亚的商人们主导了当时的纺织品生产和服装市场。此外，我们还发现在卡斯托里亚地区，保加利亚人的服装一直占据主导地位，而在安纳托利亚地区，奥斯曼土耳其的服装开始压倒了拜占庭服装，成为主要的服装风格。虽然，在拜占庭中期，服装也受到了外部的影响，但远没有后期那样鲜明。西欧的旅行者们通常将中世纪的服装描述为“希腊风格”，这也说明与他们熟悉的西欧风格是截然不同的。在完成对拜占庭晚期服装的调查后发现，地域化或殖民化的过程对服装形态产生了巨大影响。[25]但在拜占庭中期，服装却是一种真正的拜占庭风格，纺织品上的拜占庭图案也流行于整个欧洲。

通过绘画来研究服装，需要特别注意绘画表现的准确性，以及艺术家的主观发挥程度等问题。借助文献资料和实物遗存，可以在一定程度上帮助我们校对服装表现的准确性和真实性。此外，在本次研究中主要使用的视觉图像是肖像画，因为肖像画中的服装更为准确和可靠。肖像画是基于真实的人物形态完成的，并需要在人物生前完成，所以，肖像画是艺术家准确地记录人物形象的结果。根据目前的资料来看，拜占庭肖像画以立像为主，目前还没有发现坐像。另外，在考察劳动阶层的服装时，没有肖像画，所以手抄本中的风俗画成为研究劳动阶层服装的重要资料，在风俗画中，艺术家往往通过程式化的人物形象来表现故事场景，同时艺术家也得到了更自由的艺术许可。

需要注意的是，宗教绘画中的圣像画，以及描绘《圣经》场景的绘画等，均不属于本书的研究范畴，因为宗教绘画中的服装并不能反映出当下的服装特点，艺术家也不关心“圣人”服装的真实性，宗教人物总是穿着《圣经》中描述的、模式化的服装，关于宗教人物服装的规范和要求目前也是不清楚的。壁画中捐赠者的肖像画是艺术家试图描绘真实人物的结果，服装成为凸显人物身份的重要部分，所以在一定程度上是准确的。想要理解绘画中宗教人物的服装情况，要求我们首先了解现实生活中人们的服装情况，通过整理和归类肖像画和其他绘画中的服装形态，才能进一步了解世俗服装在宗教图像中的使用情况。因此，本书试图为以后的拜占庭服装研究奠定一个理论基础，并明确在复杂图像体系中服装的具体使用情况，包括在宗教图像体系中如何使用服装等一系列问题。

无论是在拜占庭手工艺品中展现的精彩画面，还是拜占庭作家记录的真实服装，我们必须承认，要准确地描绘出当时人们的服装样式几乎是不可能的。这不仅是因为艺术家和作家们常常会进行主观处理，还因为一些历史故事在几百年的流传中会经过各种改编，其故事原本的面貌都很难辨别，更别说要明确故事中所提及的服装。本次研究并不是要描述出拜占庭服装的发展情况，而是要勾描出拜占庭时尚的起伏变化，同时，服装所传达的含义可以帮助我们进一步理解绘画的内容，并为肖像画的解读提供新的线索。绘画中的服装图像，无论表现的是穷人的破旧衣裳，还是帝国宫廷的华丽服装，拜占庭人通过服装表明了自己对时尚的态度。拜占庭服装不仅直接传达了穿着者的等级和财富，还体现出了他们对服装的欲望，即他们对时尚的浓厚兴趣，这是服装在美学和艺术性上的重要体现，这也凸显出纺织服装业已成为拜占庭帝国的重要经济来源。

拜占庭服装与时尚

服装传达出来的几个关键信息可以帮助我们了解拜占庭时尚体系是如何形成和运作的。首先，中世纪的拜占庭世界存在多个时尚中心，也就是除了首都君士坦丁堡外，在其他区域也有时尚中心，在某些情况下，其他地区的时尚又会反过来影响首都的服装风格，如卡帕多西亚（Cappadocia）地区的时尚风格对首都的影响。现代读者可能会很自然地认为占主导地位的时尚中心应该是君士坦丁堡，它将帝国的时尚传播到其他区域，就像今天的纽约或洛杉矶一样，它们将最新的时尚传播到了美国中部及其他地区。然而，在本书第三章中，通过研究帝国边境各行省的时尚情况可知，拜占庭存在多个时尚中心，这大大丰富了拜占庭人服装的款式和面料。此外，根据纺织品遗存可知，当时大量的服装是跨境来回流动的，在某些时候拜占庭的时尚甚至源自帝国以外的其他地区。

在研究拜占庭中期的世俗服装时，会发现服装传达了穿着者的社会地位和经济状况。当时的人们将服装视为财富的象征，这就好像当代知名设计师设计的那些价格高昂的服装，穿着者都是富人，而中产阶级和下层阶级常常穿着来自大型连锁店的价格便宜的服装。在拜占庭世界里，服装是表达财富的直接手段，服装是一个人的俸禄，也是一个人的嫁妆或遗产。正如本书开始所说，大多数朝臣们除了得到货币形式的酬劳外，纺织品和服装也成为支付酬劳的一种手段，所以朝臣们的服装也能直接反映出他们的薪资酬劳。另外，一个人的嫁妆或遗产的主要物品就是纺织品和服装，所以，我们常常会在嫁妆目录或遗产清单中看到关于服装、亚麻布、家具等的记载。

拜占庭最重要的着装规范就是对罗马传统服装样式的继承，但这种继承是有选择性的、经过深思熟虑的，是完全不同于学者们的刻板描述的，拜占庭人主要借用特定的罗马服装来象征自身的罗马历史，比如罗马式的帕留姆（pallium）和托加最后演变为专门用于拜占庭特定仪式的罗鲁斯。拜占庭人并不是简单地重复着罗马服装，而是用其来传递出更复杂的政治信息。拜占庭宫廷的时尚也是不受限制的，一些专为宫廷礼仪而设计的新式服装层出不穷，这些新样式同样是符合帝国着装规范的。

当代的时尚理论家们经常讨论时尚面向大众传播后的巨大市场，这是从20世纪才开始出现的一种现象。[26]在此之前，除了那些可以按照品位来制作服装的富裕的上层人士外，其他人都统统被排除在时尚之外。拜占庭与其他的前现代文明体系相同，我们根据图像、文献和实物等资料可知，拜占庭实际的服装种类要远远比绘画中的丰富。虽然我们很难归纳出非精英阶层服装的具体样式，但还是有一些线索可以说明当时的非精英阶层也有着多种多样的衣装。另外，遗存下来的服装残片也支持了这一观念，就是拜占庭社会的各个阶层都参与到了时尚中，他们通过购买、销售、穿着等方式来积极融入帝国的时尚文化。

通过本次研究，我们可以看到拜占庭时尚的发展变化，拜占庭中期构成了我们今天所说的一个“时尚季”，在这个时尚季中，我们看到了各种风格的出现与传播，并逐渐消失的全过程。最典型的就是罗鲁斯，从拜占庭中期开始，它成为帝国礼服中不可缺少的一个部分，但到了拜占庭晚期开始变得不那么重要了。还有，从拜占庭中期开始流行起来的提拉兹

（tiraz）和包头巾也被帝国宫廷接受，到拜占庭晚期又逐渐消失。在拜占庭中期的最后几年里，还出现了专门供女性穿着的长裙，到了晚期长裙彻底取代了女性的丘尼克。学者们之所以忽视拜占庭的时尚变化，是因为当时的时尚变化远不及今天这样快速和鲜明，如果将缓慢变化也视作时尚的另一种表现形式，那么，我们会更细致地了解古代的时尚体系。

目录

第一章
皇室服装

在《格雷戈里·纳齐安祖斯的布道书中的手抄本插画》(*The Illustrations of the Liturgical Homilies of Gregory Nazianzu*)中，出现了巴西尔一世(Basil Ⅰ，公元867—886年在位)的妻子欧多西亚(Eudokia)及其儿子利奥(Leo)和亚历山大(Alexander)的画像，这幅肖像画引发了两个关于皇家礼服的问题。[1]在提出问题之前，我们先来看一下图像中的服装形态(图1)，图像中的三个人都穿着一件镶满珠宝的罗鲁斯，他们罗鲁斯的穿着方式基本相同，即自后领搭在左右两肩上，经胸前交叉至右腋下，后面缠绕经过臀部后，再从右腋下拉回到左侧，末端挂在左手腕上。❶在罗鲁斯的下面，每个人都穿着一件丝制的贯头长袍黛维特申(divetesion，即一种丝制的长款丘尼克)。他们都头戴一顶半球形的王冠(stcmma)，脚上穿着镶有珍珠的尖头形丝绸拖鞋，即提兹加(tzangia)。这幅肖像画与其他类似的肖像画一样，会让我们确信这套装束应该就是拜占庭中期皇室的标准礼服。然而，根据《礼记》的记载，这套衣服只在复活节期间穿着，在其他时候皇帝常穿的服装是军事短斗篷克拉米斯，并不是罗鲁斯。那么，罗鲁斯到底应该在何时何地来穿着呢？这是图像引发的第一个问题。第二个问题是，在服装中是否存在性别差异呢？在这幅图像中，皇后的衣装与两位年轻的儿子们的样式基本相同，这在当时并不常见，因为无论是拜占庭的朝臣们还是贵族男女们，男装和女装是存在性别差异的。事实上，在整个中世纪，只有拜占庭的皇室夫妇才穿着中性的、不分性别的礼服，在其他国家的皇室夫妇并不存在这一现象。

图像中的皇家礼服与实际的使用情况并不完全相符。图像中的皇后似乎打破了人们对传统性别的认知，她穿着与男性几乎完全相同的服装。通过研究皇家礼服中最重要的两部分罗鲁斯和克拉米斯，将有助于我们理解为什么皇帝和皇后会穿着同款的礼服，更为重要的是，他们在肖像画中的服装为什么与实际的使用情况有着如此大的差异。

---

❶ 拜占庭罗鲁斯通常宽15~20厘米，表面呈刺绣和宝石镶嵌的带状装饰物。穿着方法为：穿时把一端自右肩垂至脚前，剩余部分自后领搭回左肩，再经胸前交叉至右腋下，用腰带固定后，再从右腋下拉回到左侧，搭在左手腕上。罗鲁斯还有一种穿法是做成套头式披肩状，从头上往下戴。——译者注

第一节　皇室服装史

拜占庭的皇室礼仪服装是由公元前2世纪的罗马服装演变而来的。早在罗马时期，罗马人已经在托加的基础上发展出了许多变体，托加上也有了从肩部垂到下摆处的紫红色条纹装饰带——克拉比。到公元2世纪，托加被更容易穿脱的服装取代，但当时的罗马执政官仍然喜欢穿饰有华丽刺绣的托加去参加各种典礼仪式。[2]罗鲁斯就是源自罗马执政官的一种礼仪型托加，直到公元6世纪之前这种服装还一直被使用。到了拜占庭时代，托加开始演变成了一种由皮革制成的厚重的长圣带，上面常常镶嵌着各种宝石和珍珠，其缠绕方式与罗马礼仪型托加的穿着方式基本相同。罗鲁斯源自单词罗里昂（lorion），意思是皮革，这个词最早被古希腊的剧作家阿里斯托芬（Aristophanes，约公元前446—公元前385年）使用过，指的就是一条皮带。[3]但到了拜占庭时期，罗鲁斯主要使用厚实的丝绸和刺绣制成。到了公元6世纪，罗鲁斯已成为我们在图像中所看到的样式。罗鲁斯总长度至少约为3.66米（图1）。在拜占庭早期，穿罗鲁斯时，要把一端自右肩垂至脚前，剩余部分自后领搭回左肩，胸前交叉后绕到臀部固定，再从右腋下拉回到左侧，搭在左手腕上，末端垂至膝盖的位置，我们将这一样式称为交叉式。到了拜占庭中期，罗鲁斯还会做成套头式的披肩状样式，直接从头上往下套，也称为套头式，在今天伊斯坦布尔的圣索菲亚大教堂（Hagia Sophia）中的马赛克镶嵌画中，皇后佐伊（Empress Zoe，约公元978—1050年）和君士坦丁九世·莫诺马科斯（Constantine Ⅸ Monomachos）的肖像画就展示了披肩状的罗鲁斯。[4]在拜占庭中期，罗鲁斯一直延续着这两种形式，即交叉式和套头式，直到公元12世纪，它才渐渐消退，不再出现在肖像画中。[5]这两种形式的罗鲁斯始终都没有再出现新的变化，最终，套头式完全取代了交叉式。[6]

交叉式和套头式的罗鲁斯的装饰形式相同，都有2～3排，甚至4排的珍珠将整条带子分割成棋盘格状，并形成由珍珠环绕而成的正方形小格子，小格子内缝有上釉的瓷牌匾。但在硬币上皇帝的罗鲁斯样式会与壁画中的略有不同，如硬币上的拜占庭皇帝罗马诺斯四世（Romanos Ⅳ，公元1068—1071年在位）、迈克尔七世·杜卡斯（Michael Ⅶ Doukas，公元1071—1078年在位）和他的兄弟君士坦丁（Constantine，公元1067—1071年）等的形象中，罗鲁斯只有1排珍珠，这可能是由于硬币的表现空间有限，艺术家主动做了简化处理。在公元1068—1071年的一块象牙雕刻版上，同样出现了皇帝罗马诺斯四世的形象，他与妻子欧多西亚·玛克勒姆玻利提萨（Eudokia Makrembolitissa，公元1078年）站在一起，在雕刻版中，他佩戴着一条镶有4排珍珠的罗鲁斯，这也进一步说明了硬币描绘的是简化版本的罗鲁斯。[7]

大约在公元10世纪，罗鲁斯开始与镶有珠宝的装饰衣领搭配在一起使用。[8]目前发现的最早例子是著名的篡位者基弗鲁斯·弗卡斯（Nikephoros Phokas，公元963—969年在位）的肖像画，这幅肖像画出现在他的家乡卡帕多西亚的大鸽房教堂（Cavusin Church）的壁画中，他在罗鲁斯上还戴着一个装饰衣领（图2）。[9]画面中还出现了他的妻子欧多西亚的肖像，当时的欧多西亚为了保护自己两个儿子的王位，即巴西尔二世（Basil Ⅱ，公元976—1025年在位）和君士坦丁八世（Constantine Ⅷ，公元1025—1028年在位），勾结了这位篡位者，画中的欧多西亚也戴着装饰衣领。与罗鲁斯一样，装饰衣领在整个中世纪都没有发生任何变化，只是有人选择穿戴它，有人选择不穿戴，装饰衣领可以穿戴在罗鲁斯的上面，也可以穿戴在下面。在拜占庭帝国首都君士坦丁堡的圣索菲亚大教堂的马赛克镶嵌画中，皇后佐伊就将装饰衣领戴在了罗鲁斯的上面，后来佐伊在自己的画像旁边增绘了自己第三任丈夫君士坦丁九世·莫诺马科斯，画面中她的新丈夫则将装饰衣领穿在了罗鲁斯的下面。

与罗鲁斯一样，皇帝的王冠（stemma /diadem）也源于古代。[10]皇帝君士坦丁一世（Constantine Ⅰ，公元324—337年在位）佩戴着一种通过简单的头带在后面绑紧固定的王冠，这是一种希腊式的王冠，亚历山大大帝（Alexander the Great）是佩戴这种王冠的第一人，所以这种王冠也象征着伟大的希腊化时代，[11]头戴希腊王冠的君士坦丁大帝效仿了伟大的征服者亚历山大大帝。常见的拜占庭王冠是一种圆形或半圆形的头饰，由镶有珠宝的嵌板装饰而成，上面悬挂着珍贵的宝石和珍珠，这种悬挂的垂坠装饰也称为佩杜拉（pendulia）。在希腊王冠上挂着的垂坠装饰多是流苏，佩杜拉装饰应该是从拜占庭开始的。在公元12世纪以前，存在各不相同的拜占庭王冠，在图像中也可以见到。在《礼记》中提到过不同颜色的王冠，学者迈克尔·麦考密克（Michael McCormick）认为这些颜色可能是指王冠内不同颜色的内衬，并不是说王冠有着不同的颜色。[12]通常，王冠会戴在眉宇上方的几英寸处，只有少数例外。到了拜占庭中期，王冠的顶部装饰变化较多，可能是因为皇帝和皇后通常戴着多牙型的王冠。[13]在一些皇后的王冠顶部中央还会有一个隆起点，上面饰有一个小十字架，有时饰有尖状装饰物。王冠上的佩杜拉通常由珍珠制成，垂在耳朵上方，佩杜拉的底部呈扇形散开，长度至下颌的位置。

虽然关于皇帝穿的镶有珍珠的尖头形丝绸拖鞋——提兹加的描述较多，但对提兹加的具体形态描写却很少，因为长款的丘尼克常常会盖到脚面，覆盖住提兹加。人们对提兹加的历史也知之甚少，因为与其他帝国礼服不同，它不是对罗马传统服装的继承，提兹加这种全部包住脚的鞋子在古代并不常见，古代常见的是露出脚趾和脚面的凉鞋。然而，就象征性而言，提兹加与王冠、罗鲁斯等是一样重要的，如阿拉尼亚（Alania）的玛丽亚皇后（Empress Maria）为了保护儿子的王位，她坚持让儿子穿上提兹加，以表示他才是帝国真正的君主，尽管当时的帝国由代理皇帝尼基弗鲁斯·布林尼乌斯（Nikephoros Botaniates，公元1078—1081年在位）统治。

> 君士坦丁七世……自愿放弃穿紫色的半高筒靴，而是穿上了普通的黑色半高筒靴。但是新皇帝……命令他脱掉黑色靴子，穿上多彩的丝绸鞋……当君士坦丁七世穿上红色的华丽鞋子后，被授予了使用红色的特权，但这并没有使他容光焕发……当亚历克西斯·科姆内努斯（Alexius Comnenus）被宣布为皇帝时，玛丽亚……曾保证……君士坦丁要与亚历克西斯共同执政，所以有权穿紫色的凉鞋和佩戴王冠，也有权被誉为皇帝……但是君士坦丁的丝绸鞋在这里却被换成了红色。[14]

这双鞋，尤其是颜色，说明了君士坦丁在帝国的地位，这就是为什么尼基弗鲁斯·布林尼乌斯如此谨慎地监控着红色鞋的使用数量。然而，在君士坦丁还未成年的时候，尼基弗鲁斯·布林尼乌斯通过与君士坦丁母亲的婚姻而获得了皇位，由于君士坦丁在当时处于弱势地位，所以他要穿更华丽的鞋子，以免衣装不得体。安娜·科穆宁努斯（Anna Komnenos）在这段话中并没有特别使用提兹加这个词，而是使用了通用的鞋子术语，但可以确定，她描述的就是皇室的提兹加，因为她提到鞋子是丝绸质地的，上面装饰着不同颜色的刺绣。[15]

学者斯图特（A.E.R. Sewter）使用了"半高筒靴"一词来翻译关于这类鞋子的术语，以传达出鞋子的柔软质感、丝绸质地、拖鞋样式的概念；学者伯纳德·莱布（Bernard Leib）在他的法语翻译中使用了更加书面化的词语[16]，但他也认为文本中描述的应该就是提兹加。[17]在德国班贝格大教堂（Bamberg Cathedral）的主教奥托二世（Otto Ⅱ）的墓中，出土了公元1200年左右的一只鞋子，这让我们窥见了当时这种丝绸鞋的基本外观。[18]这只出土的鞋子由高级的丝绸制成，色彩原本应是浓郁的紫色和绿色，鞋面上有复杂的圆形装饰图案，鞋帮上的珍珠链环可能是用来系在脚踝上的，这种鞋应是尖头形的踝靴。在一些图片中也发现了提兹加的形象，如在《约翰·克里索斯托的布道书》（*Homilies of John Chrysostom*）中的尼基弗鲁斯·布林尼乌斯的形象（图3），他穿着一双红色的鞋，上面镶嵌着珍贵的宝石。[19]

镶嵌珠宝的罗鲁斯、皇冠和提兹加等共同强化了穿着者的权力地位，这些华贵的珠宝也使整体服装更加厚重。我们可以推测，一件镶满珠宝的织物或皮革的重量大约是2268克（5磅），如果再加上金属的王冠和镶嵌珠宝的鞋子，整体的重量就会更重。虽然很难准确估计出一顶王冠的具体重量，但根据藏于雅典拜占庭博物馆的约制于公元10世纪的两顶镀锡的铜制王冠的重量，我们可以估算出一个近似值，雅典其中的一顶王冠重约222克，另一顶重约211克，[20]如果再加上王冠上的宝石，仅皇冠自身的重量就达到了近680克。通常情况下，一件罗鲁斯上有12行珍珠形成的网格结构，在网格的中心和边缘都饰以宝石。还有另一种类型的罗鲁斯，其网格由16行珍珠和宝石形成。[21]虽然目前无法确定罗鲁斯上宝石的颜色，但基本可以确定，最常见的是红宝石、蓝宝石和珍珠，很少使用祖母绿。目前关于皇家礼服的研究论文有二十余篇，但只有一篇提到了宝石的类型，即公元12世纪，当拜占庭皇帝曼努埃尔一世（Manuel Ⅰ，公元1143—1180年在位）与塞尔柱苏丹基利克·阿尔斯兰二世（Kilic Arslan Ⅱ）会面时，曼努埃尔一世身穿一件镶嵌着“闪闪发光的红宝石”的衣服。[22]皇家礼服通常被描述为布满了珍珠和宝石，这表明在衣服上使用各种珍贵的石头是很常见的现象。参加皇家典礼仪式的观众们，不仅会看到皇室夫妇礼服上珠宝的绚丽光彩，还能意识到这些珠宝自身所蕴含的力量。在迈克尔·普赛洛斯（Michael Psellos）的一篇关于宝石的论文中，提到了当时人们对宝石的普遍看法，人们认为宝石是具有特殊力量的，[23]在拜占庭时期，几乎所有的宝石都被赋予了神奇的力量，宝石不仅可以预防眼部疾病，还可以预防头痛、抑郁等其他疾病，有一种来自克里特岛艾达山的铁色石头，它被认为具有智慧、审慎等特征。

拜占庭帝国的皇帝和皇后通过穿戴华丽的罗鲁斯、皇冠和提兹加出现在公共场合，不仅表明了帝国的巨大财富，而且这些珍贵的宝石还意味着健康、智慧和祝福。同时，服装上的这些宝石也象征着帝国广阔的领土，因为许多宝石都来自帝国的其他区域。皇家礼服中最常见的丝绸服装是贯头长袍黛维特申，通常是穿在罗鲁斯的下面。与宝石一样，丝绸长袍黛维特申也展示出了拜占庭帝国的巨大财富和广阔领土，黛维特申通常会被染成鲜艳的颜色，皇室主要用紫色，因为紫色罕见，当时的紫色主要是一种从软体动物的外壳中提取出来的，大约12000枚外壳仅能提取出1.4克纯的紫色染料，这些染料主要用来浸染服装的镶边，只有皇室夫妇才可以使用，称为“帝国紫”。通常，金线也会被织进黛维特申中。金线通常由金或银的金属细丝制成，可以直接织进织物中。有时，金线会和丝线扭成一根纱线后进行编织，一般多是将一股金线和两股丝线扭成一根纱线，这样就形成加银或金的丝绸织物，最终制作出一件耀眼的服装，使普通观众们肃然起敬。

颜色是拜占庭服装的表现重点，紫色和金色是皇室的专用色彩。当然，对紫色和金色的热爱并不是在拜占庭时期才发展起来的，这是一种来自罗马的习俗，起初象征着财富，后来象征着帝国的权威。[24]蓝色专属于拥有“塞巴斯托克拉托”（sebastokrator）头衔的人，绿色专属于拥有“恺撒”（Caesar）头衔的人。白色和红色通常在朝臣和皇帝的斗篷和丘尼克中使用。虽然颜色可以用来区分不同的等级，但并没有某个阶级只固定使用一种颜色的情况。此外，在不同的场合也会使用不同的颜色。

第二节　罗鲁斯的意义

罗鲁斯被誉为拜占庭帝国“皇冠上的珠宝”，我们经常会在硬币和印玺的图像中，以及在马赛克镶嵌画和手抄本插画中看到罗鲁斯的形象，罗鲁斯是最具代表性的皇家礼服，自然会大量出现在各类绘画中。但在一般的仪式典礼上，皇帝和皇后很少穿罗鲁斯，只在复活节和部分特定的场合才穿罗鲁斯。在多数情况下，皇帝和皇后穿着更加方便实用的服装，虽然这类服装并不具有象征意义，但也很华丽（本章稍后讨论），最常见的就是装饰有塔布里昂（tablion）的克拉米斯，它常被用于很多重要的场合，如胜利庆典、加冕仪式等。[25]具有象征意义的罗鲁斯，代表着帝国的威严和皇帝的特殊身份，皇帝佩戴罗鲁斯的时间和场合也说明了其具有不可替代的作用。

《礼记》中记载了复活节期间的服装。复活节不仅是基督教历史上最古老的节日之一，也是拜占庭日历上最重要的节日，它可以追溯到公元2世纪。[26]公元325年，在君士坦丁大帝组织的第一次尼西亚会议（the First Nicaean Council）上，复活节的庆祝日被定在春分后第一次满月后的第一个星期天。从公元4世纪开始，这个节日的准备工作要在“圣周四旬斋”结束时开始，复活节的守夜活动要从圣周的星期六开始，同时，还要在君士坦丁堡的圣索菲亚大教堂举行洗礼活动。[27]在《克莱托罗吉翁记》中提到，皇帝在五旬节（Pentecost）期间要穿罗鲁斯，五旬节也是拜占庭的另一个重要节日。[28]然而，作者菲洛修斯（Philotheos）并没有指出罗鲁斯与五旬节的关系，也没有其他资料显示两者之间的关联，所以，在五旬节穿罗鲁斯可能并不像在复活节那样重要。

根据《礼记》的记载，在复活节期间，除了皇帝外，另外还有十二名官员也要穿罗鲁斯。《礼记》的译者乌奥特（Vogt）认为这十二名官员象征着十二使徒，皇帝则象征着基督。然而，君士坦丁七世·普菲尼基尼特斯记录了在大多数仪式场合中的着装要求，但这不一定是实际的穿着情况。在《克莱托罗吉翁记》中记录了三名官员在复活节期间穿着罗鲁斯，这也说明乌奥特的观点可能是有误的。[29]对于君士坦丁七世来说，罗鲁斯象征着基督的葬礼，因为它像裹尸布一样在身体上来回地包裹。

> 因为上帝在复活节的盛宴上，看到玛吉斯特里（Magistri）和帕特里西（Patricii）身上缠绕着的罗鲁斯，这使他回忆起了他的葬礼和复活……罗鲁斯的缠绕包裹方式是按照埋葬基督的方式设计的。[30]

这段文字只对应了以X形进行缠绕的罗鲁斯。然而，迈克尔·亨迪（Michael Hendy）认为套头衫式的罗鲁斯也类似于中世纪拜占庭的裹尸布。目前，还没有任何证据支持这一观点，中世纪的人们通常都是穿着衣服下葬的。[31]无论在什么时期，缠绕在尸体上的裹尸布都是没有特定的形式。对富人来说，裹尸布可以是一块漂亮的织物，对普通人来说，裹尸布可能是一块朴素的亚麻布。尽管君士坦丁七世强调了这件衣服与复活节的紧密关系，但是在复活节做弥撒的民众，或在复活节观看皇室肖像的民众，他们是否会领会到罗鲁斯在复活节的象征意义呢？这是很值得怀疑的。

迈克尔·亨迪注意到拜占庭时期的世俗仪式已经普遍地基督教化了。例如，公元8世纪的“施舍仪式”（hypateia）已从1月1日移至复活节，这是将世俗仪式与基督教仪式相联系的结果。[32]君士坦丁七世似乎顺应了这一基督教化的趋势，他将世俗服装罗鲁斯等同于基督的裹尸布。

复活节是拜占庭最重要的礼拜仪式，因此皇帝必须穿上最华丽的皇家礼服。在罗鲁斯和世俗仪式之间还可以找到进一步的联系，如在拜占庭早期，在1月1日，当执政官们向民众慷慨地分发礼物时，都要穿着罗鲁斯。

幸存下来的一些双联画版上都描绘有执政官员的形象，如在一幅双联画版上有执政官克莱门提乌斯（Clementius）的形象，他穿着罗马服装特拉贝（trabea），画面中的奴隶们正从一个大袋里往外倒硬币，[33]这幅画面表现的是执政官捐助竞赛的传统场景，这一传统后来被拜占庭仪式取代。拜占庭仪式是皇帝要向执政官分发贵重的礼物和赏金，以抵消执政官所捐助竞赛的费用，这一仪式的代价其实很大。皇帝慷慨地分发礼物和赏金成为一年中最重要的仪式之一，这一仪式又被转移到在复活节的盛宴上进行，因为对拜占庭人来说，复活节的意义是平等的，所以公平地分配赏金也要专门放到复活节上进行。执政官们的罗鲁斯要到复活节才能穿，皇帝也会穿他最华贵的罗鲁斯，来传达出复活节活动的重要性。此外，罗鲁斯也强化了执政官分发赏金的世俗传统与复活节宗教仪式之间的关联性，在复活节期间，许多官员都会得到相应的赏金。[34]圣索菲亚大教堂的马赛克镶嵌画中的佐伊和君士坦丁九世的肖像画，就反映了复活节期间罗鲁斯的使用情况，画面中的皇帝和皇后都穿着礼服，在君士坦丁九世的手中还拿着一个钱袋。这幅画也常被人们视为复活节期间帝后的代表形象，因为他们身穿罗鲁斯，正在分发作为赏金的硬币。[35]

拜占庭皇帝巴西尔一世并不是为了复活节才穿着罗鲁斯，他是为了公元880年5月1日正式完工的新教堂（Nea Ekklesia）的纪念活动，这所教堂是由他捐赠营建的，[36]在完工仪式上，身穿罗鲁斯的巴西尔一世慷慨地分发了赏金。在这个场合使用罗鲁斯是非常合适的，虽然这不是复活节，[37]但通过分发作为赏金的硬币，就将世俗活动基督教化了，在这里罗鲁斯已超越了与复活节的联系。

罗鲁斯不仅是帝国财富的象征，而且是基督教的象征，同时，罗鲁斯还将拜占庭皇帝置于世俗世界和天堂世界的双重秩序中。皇帝是神在人间的捍卫者和保护者，这一角色在罗鲁斯上得到了清晰的展现，学者亨利·马格蒂尔（Henry Magtuire）证明了这一观点，他指出在巴黎格雷戈里图书馆（Paris Gregory）收藏的巴西尔一世的肖像画中（Paris, Bibliothèque national de France，MS Gr. 510 fol. Cv），唯一穿着皇家礼服的是大天使，大天使的礼服中就有罗鲁斯，因此，穿着与大天使相同服装的皇帝自然就成为上帝的保护者，并且说明他在天堂中拥有与大天使相同的级别。[38]某种程度上，大天使被描绘成穿着罗鲁斯的形象，也是为了传达皇帝在天堂中的地位和等级，参加复活节仪式的民众们常常会看到在教堂墙壁上，无数的大天使都穿着罗鲁斯，这使他们很容易地将大天使与皇帝联系起来。

根据文献记载，罗鲁斯还出现在另一个仪式场合。公元10世纪，拜占庭在与阿拉伯人进行囚犯交换的过程中，皇帝专门穿上了罗鲁斯，“因为萨拉森（Saracen）的朋友”。[39]这一交换活动是皇帝向外国人展示自己权威的重要场合，可见罗鲁斯还可以作为外交礼服被使用，这也体现了罗鲁斯的世俗意义。公元9世纪末至10世纪的阿拉伯编年史家哈伦·伊本·叶海亚（Harun Ibn Yahya）曾描述穿着罗鲁斯的皇帝形象，皇帝可能还头戴王冠，脚穿丝绸拖鞋提兹加。这位皇帝应该是刻意地向阿拉伯囚犯们展示自己的服装。

> 他们穿着饰有宝石和缀有珍珠的衣服；他们拿着一个金箱子，里面装着皇室的长袍……紧随其后的皇帝穿着他的节日盛装，这是一种丝质的饰有珠宝的华丽服装……[40]

皇帝穿着罗鲁斯在街上游行，他向所有观看游行的外国人发出了一个明确的信息，即拜占庭帝国的财富和权力，这也正如罗鲁斯将皇帝置于天堂中的大天使之列一样，罗鲁斯也将皇帝置于人间管理者的最高位置。

第三节　罗鲁斯与性别的关系

罗鲁斯不仅具有“皇冠上的宝石”的特殊地位，而且作为一种不分性别的礼服起着特殊作用，从艺术效果来看，中世纪拜占庭皇帝和皇后的礼服格外引人注目，这一现象在公元8—12世纪比较突出，也是皇家礼服的一大特征。其他国家的皇家礼服是存在性别差异的，所以拜占庭皇家礼服成为中世纪一个不同寻常的景观。例如，在意大利巴勒莫（Palermo）的马尔托拉纳教堂（Martorana Church）的绘于公元1194年的壁画中，有西西里岛的罗杰二世（Roger Ⅱ of Sicily，公元1130—1154年在位）的肖像画，他身穿拜占庭帝国的礼服。他的妻子，也就是王后康斯坦斯（Constance），出现在了伯尔市图书馆收藏的手抄本《致敬奥古斯蒂》（*Liber ad Honorem Augusti*）的插画中（Berna, Biblioteca Civica, MS 120 Ⅱ, fol. 119r），王后穿着与丈夫完全不同的皇家礼服，王后戴着皇冠，披着斗篷，斗篷下面穿着一件宽袖口的长裙，领口有装饰，胸前还有一个半月形的装饰。但在马尔托拉纳教堂的壁画中，王后并没有与罗杰一起出现，这种情况比较常见，例如，诺曼皇后们的肖像也没有与她们丈夫的形象一起出现。公元6世纪初的统治者克洛维一世（Clovis Ⅰ）与其王后克洛蒂尔德（Clotilde）

的形象是研究西方服装史的重要图像资料，克洛维一世和克洛蒂尔德的形象出现在了公元1100年的科贝尔圣母院（Notre Dame de Corbeil）的正立面上，克洛维一世头戴王冠，身穿一件长款的丘尼克，披着一件布满刺绣装饰的克拉米斯。王后克洛蒂尔德头戴王冠和面纱，身穿一条合体的长裙，在臀部位置系着一条打结的腰带，在腰部位置还系了一条腰带，最外面是一件敞开式的斗篷。[41]之后随着时间的推移，西方服装中男装与女装的差异变得越来越明显，女性的长裙不断向着合体化的方向发展，男性的服装中出现了紧身短上衣，公元14世纪带扣夹克出现，公元15世纪胡普兰衫出现等，[42]这都说明在西方的时尚界，男装与女装之间的差别是一目了然的。

通过观察中世纪伊斯兰世界的服装，会发现伊斯兰的服装也能直观地体现出性别差异。但由于伊斯兰教义不允许描绘人物形象，所以表现哈里发与其妻子的图像极少。最常见的哈里发的服装是长袍，袖子上还饰有一条刺绣装饰带提拉兹，从阿拔斯王朝（Abbasid，公元750—1258年）开始，这种长袍在不同时期会有不同的颜色。[43]在阿拉伯硬币上经常能看到站立着的哈里发形象，哈里发们都穿着长袍，戴着被称为库菲亚哈（kufiyah）的阿拉伯王冠，但由于硬币上的图像缺乏细节和色彩，所以很难进一步判断服装样式。[44]另一种长袍基拉（khil'a）是荣誉和尊贵的象征，在公元8—11世纪，哈里发们常将基拉送给其他的统治者和政要。基拉可以让我们了解伊斯兰世界中统治者的穿着情况。[45]在一段文字中记载了哈里发向苏丹萨拉丁（Sultan Saladin，公元1169—1193年在位）送去了一件基拉，“黑色缎面，带有刺绣沿边儿”[46]，这是对基拉样式的文字记载。在藏于爱丁堡大学图书馆的一幅描绘印度加兹纳的统治者马哈茂德（Mahmud）的肖像画（Edinburgh, Edinburgh University Library, MS Or. 20, fol. 121r），马哈茂德身穿一件基拉，袖子上有刺绣沿边儿和提拉兹，这是由哈里发卡迪尔（Caliph al-Qadir，公元991—1031年在位）送给他的长袍基拉，这件基拉套在一件丘尼克的上面。[47]这是关于基拉样式的图像资料。

由于材料的缺乏，所以难以想象伊斯兰女性的服装形态。公元936年，阿拉伯作家阿卢什（Al-Washha）在其著作《论优雅与优雅的人》（*On Elegance and Elegant People*）中几乎没有描写女性的服装，只提到其“不同于男性的时尚服装”。[48]公元8—12世纪，文献中所描绘的伊斯兰女性大多是舞者或侍从，而统治者妻子们的形象从未出现过。穆斯林女性侍从常常穿着上身合体的裹身裙和宽松的裤子，比如藏于牛津博德利图书馆的《恒星之书》（*Book of Fixed Stars*）中的女性舞者（Oxford, Bodleian Library, MS Marsh 144, fol. 167）。又如，藏于巴黎法国国家图书馆的公元1237年的哈里里（al-Hariri）的《玛卡马特》（*Maqamat*）中也出现了女性形象。在该手抄本的一个场景中，一名织布女工穿着一件朴素的绿色长袍，袖子上有金色的提拉兹。阿拉伯作家阿卢什提到过这类长袍的剪裁方式与男子的相似。在这幅画面中的女工头上有一块深色面纱，上面有浅棕色的镶边，这可能是米贾尔（mi'djar），[49]这正是女性长袍与男性长袍的显著区别（Paris, Bibliothèque national de France, MS A. 5847, fol. 13v）。伊斯兰女性仅被允许穿某些颜色的衣服，这一点在插图中并没有被表现出来。[50]伊斯兰世界中的服装的性别差异是显而易见的，这不同于拜占庭帝国皇室夫妇的服装。

在拜占庭早期，皇后就穿着具有象征性的礼服。在公元9世纪之前，皇后与皇帝的礼服是存在明显差别的。如公元6世纪初意大利拉文纳的圣维塔莱教堂（San Vitale）的马赛克镶嵌画中，皇后狄奥多拉（Theodora）和皇帝查士丁尼（Justinian，公元527—565年在位）的肖像画，两人都穿着象征尊贵地位的斗篷克拉米斯，但狄奥多拉的克拉米斯上没有装饰别针菲比拉（fibula），而有一个镶满宝石的华丽衣领，在克拉米斯的底边上装饰有“东方三圣”的形象。查士丁尼的克拉米斯在前胸位置装饰有塔布里昂，下面穿一件短款的丘尼克，狄奥多拉则穿着一件长款的丘尼克。他们的王冠和鞋子也不尽相同。毋庸置疑，这时的狄奥多拉已获得了皇后的尊贵头衔，这一时期的克拉米斯不仅作为皇室夫妇的专门服装，同时也是一种高级男装。需要注意的是，在狄奥多拉的克拉米斯下面是一件长款丘尼克，这件长款丘尼克将她与身后穿着短款丘尼克的男仆们区分开来，可见这件丘尼克是有性别色彩的。另外，她的王冠上有垂坠装饰，戴着珠宝衣领，这都说明她的长款丘尼克是专属于女性的一种礼服。

虽然在拜占庭早期，皇帝和皇后的服装存在比较明显的性别差异，但到了拜占庭中期，这种性别差异不断淡化，但这并不是说女性服装开始向中性化的方向发展，而是男装和女装交织混合在一起，[51]皇帝和皇后的服装根本不会让人想到任何性别差异。公元8—12世纪的拜占庭服装，无论是男装还是女装，都是简单的、男女通用的样式。

根据图像资料可知在拜占庭早期皇室服装中的性别差异。藏于意大利那不勒斯国家图书馆的公元615—640年的《约伯记》（*Book of Job*）的插画中（Naples, Biblioteca Nazionale, MS Ⅰ. B, fol.18），有赫拉克利斯（Heraklios，公元610—641年在位）和家人们的肖像画（图4），他们都身穿皇家礼服，画面最左边的赫拉克利斯身穿一件束有腰带的短款丘尼克，外套一件克拉米斯，头上戴着一顶镶嵌珠宝的希腊式王冠。根据画面很难辨认清楚他的鞋子的样式，但可以基本确定是尖头形鞋，软质的鞋面上镶有珍珠或宝石，这应该是一种长至脚踝的踝靴。根据学者詹姆斯·布雷肯里奇（James Breckenridge）的研究，[52]赫拉克利斯左边的三位女性分别是他的妻子玛蒂娜（Martina）、姐姐艾皮法尼雅（Epiphania），以及女儿尤多西娅（Eudoxia），画面中的三位女性都穿着皇家礼服，她们头上的王冠充分说明了这一点，其中，妻子玛蒂娜戴着一顶镶满珠宝的专属于皇后的王冠，但在王冠的两侧没有垂饰。这三位女性都穿着达尔玛提卡（dalmatica），这是比黛维特申更宽松的一种贯头长袍，她们的腰间都系着华丽的腰带，颈部佩戴着精致的珠宝项圈，腰带和项圈一起装饰着达尔玛提卡。与狄奥多拉一样，这些女性在皇室中的地位都是不容小觑的。需要注意的是，这里的男装和女装是存在明显差异的，三位女性所穿的宽松的达尔玛提卡显然专属于女性。赫拉克利斯的那件短款丘尼克和克拉米斯很容易让人联想到罗马军服。如果我们回溯一下赫拉克利斯统治时期的历史环境，这一点就显得更为有趣，因为这一时期拜占庭帝国的政治环境是以军事动乱和侵略扩张为主。

早在公元8世纪，我们就看到男性的服装中带有明显的军事色彩，如克拉米斯或短款丘尼克。在一枚公元780—790年的索利多（solidus）金币中，出现了君士坦丁六世（Constantine Ⅵ，公元780—797年在位）和他母亲的肖像，他的母亲正是不受欢迎的圣像崇拜者——皇后艾琳（Irene，公元797—802年在位），在发行这枚硬币时，君士坦丁六世还是摄政王。硬币中的艾琳穿着一件罗鲁斯，而君士坦丁六世穿着由装饰别针扣合的克拉米斯。[53]艾琳王冠上华丽的垂饰更是令人印象深刻，君士坦丁的王冠上饰有简单的十字架。艾琳的礼服是目前所知最早的罗鲁斯，很快罗鲁斯就成为中世纪拜占庭帝国的标准礼服。

如果我们将拜占庭早期皇帝和皇后的衣装与拜占庭中期的进行对比会发现，拜占庭早期皇室服装中的性别差异到了拜占庭中期几乎完全消失了。在本章的开头已提到，欧多西亚·英格里纳（Eudokia Ingerina）与其儿子利奥和亚历山大的服装表明了早期的皇家礼服是不分性别的（图1）。在这幅画面中，欧多西亚和儿子们的服装几乎是没有任何差别的。

在君士坦丁堡圣索菲亚大教堂的马赛克镶嵌画中，君士坦丁·莫诺马科斯和佐伊的肖像也展示了相互匹配的、不分性别的皇家礼服，两人都穿着一件套头式的罗鲁斯，下面是丝制的贯头长袍黛维特申，肩部有圆形臂章，华丽的珠宝装饰领佩戴在黛维特申上面。在这对皇室夫妇的服装中，区别最大的就是王冠的样式，这是非常值得注意的。根据学者迈克尔·普赛洛斯的研究，佐伊极不愿意穿与她头衔相对应的衣服，所以故意穿了一件“薄的长袍”。[54]画面中佐伊的王冠更精致，王冠基座由2排宝石带组成，上面均匀地排布着珍珠和大宝石，冠顶有3个锯齿状装饰，王冠两侧悬挂的垂坠也由珍珠和宝石镶嵌而成。相比之下，君士坦丁·莫诺马科斯的王冠更为简单，在王冠的基座上只有一个宝石带，只在正中央镶嵌了一颗大宝石，冠顶只有一个由珍珠做成的玫瑰花结，王冠两侧悬挂的垂坠末端也是珍珠玫瑰花结。他们王冠的差异可能不一定与性别有关，这可能是因为佐伊想通过她那华贵的王冠来体现出她更加尊贵的皇室血脉，并说明是她将君士坦丁·莫诺马科斯合法化为帝国的统治者。

另一个微妙的区别在于他们的穿着方式。佐伊把她的装饰衣领套在了罗鲁斯上面，而君士坦丁·莫诺马科斯的装饰衣领却穿在罗鲁斯的下面，只在肩膀部位显露出了装饰衣领。这种差异似乎仍然与性别无关，正如佐伊和君士坦丁·莫诺马科斯肖像旁边的另一幅马赛克镶嵌画，画面中的约翰二世（John Ⅱ，公元1118—1143年在位）和皇后艾琳，他们与君士坦丁·莫诺马科斯一样，都把装饰衣领穿在罗鲁斯的下面。需要注意的是，约翰二世和艾琳这对皇室夫妇也穿着不分性别的、相同的皇家礼服。在藏于梵蒂冈使徒图书馆的一本福音书中，有一幅描绘约翰二世和他的儿子亚历克西斯（Alexios）的肖像（Vatican City, Biblioteca Apostolica Vaticana, MS Ur. 2, fol. 10v），画面中罗鲁斯的使用情况进一步说明，无论男女都可以将装饰衣领自由地穿在罗鲁斯的上面或下面。[55]

还有一个关于皇后和皇帝穿着相似的、不分性别的服装的例子，出现在公元1059—1067年的圣德米特里奥斯（St. Demetrios）的圣骨匣上，[56]圣骨匣上出现了君士坦丁·杜卡斯（Constantine Doukasr，公元1059—1067年在位）和皇后欧多西亚·玛克勒姆玻利提萨的形象，据说君士坦丁·杜卡斯是个非常害羞的人，所以，我们看到画面中的他把手藏在了衣服里面。[57]他和皇后都穿戴着一件罗鲁斯，罗鲁斯在后面缠绕固定后，再向前拉，最后披在手臂上，罗鲁斯使用了由小宝石围绕大的正方形宝石形成的图案。他们的礼服没有任何性别差异，王冠也相同，顶部都有一个十字架装饰。值得注意的是，铭文中使用了“巴西利萨”（Basilissa）欧多西亚，“巴西利萨”是一个高贵而罕见的头衔。[58]

在拜占庭中期的确存在不分性别的皇家礼服，有时皇后和皇帝可以穿戴不同风格的罗鲁斯。通常，皇后们会在罗鲁斯上面系个腰带，将腰带以下的罗鲁斯拉成了一个盾牌形状，如藏于巴黎的公元1071—1081年的《约翰·克里索斯托的布道书》中（Paris, Coislin 79, fol.1v），出现了阿拉尼亚的玛丽亚的形象，玛丽亚是一位外国美女，她结过两次婚，一直努力保护自己孩子的王位。画面中，她穿着系着腰带的罗鲁斯（图5），罗鲁斯经反复缠绕后垂至脚踝，罗鲁斯的后片向前拉，包裹住她的右髋，这不是常见的搭在手臂上的形式。我们发现，罗鲁斯在臀部位置被束缚的穿着方式只出现在皇后们的服装中。

在这幅插画中，玛丽亚和迈克尔七世（Michael Ⅶ，后来重新标记为尼基弗鲁斯三世·布林尼乌斯）都穿着装饰有相同图案的罗鲁斯，在他们的罗鲁斯的下面都是一件蓝色的贯头长袍黛维特申，上面饰有金色的叶形图案，他们的黛维特申上的叶形图案略有差别。玛丽亚的袖子是宽松的大袖口，而迈克尔七世的袖口紧紧绑在手腕处，形成了一个气球状，[59]迈克尔七世的罗鲁斯是由胸前交叉后再拉到后背的。他们的服装与中世纪拜占庭其他皇室夫妇的一样，都是不分性别的、相同的皇家礼服，但玛丽亚穿着腰间束带的罗鲁斯应该是这一时期女性的专属样式。

需要注意的是，我所说的这种腰间束带的罗鲁斯常被现代学者误认为是一种独特的服装样式，并将其称为“托拉基翁”（thorakion）。[60]根据学者们的研究，罗鲁斯在腰带以下形成盾牌状其实是一种变形，并不能被视作一种新样式，也不能定义为托拉基翁，在拜占庭文献《礼记》中从未出现这一词汇。[61]目前，托拉基翁一词属于尚未得到明确解释和定义的一个服装术语。

女性专属的腰间束带的罗鲁斯也进一步说明，无论罗鲁斯是如何佩戴的，它都应被视为一种没有性别区分的皇家礼服。拜占庭的皇帝和皇后并没有试图隐藏自己的性别，同时，观众们也不会认为皇后的束带罗鲁斯与皇帝的不一样，在正式仪式上，观众们看到的是皇帝和皇后都穿着没有性别区分的华贵礼服。在目前的所有文献中都没有关于罗鲁斯穿着方式的记载，实际上，皇帝和皇后的礼服的穿着方式也是极其相似的，拜占庭史学家们在描述皇家礼服时从来没有提到过有性别差异。迈克尔·普赛洛斯描述了皇后佐伊在帮助迈克尔七世（Michael Ⅶ）登上王位后的情形：

> 她立即召见了迈克尔，并给他穿上织有金线的长袍。然后，她把王冠戴在了迈克尔的头上，并让他坐在华丽的王座上。她自己穿着类似的服装坐在迈克尔的旁边。她命令宫殿里的人要行“跪拜礼”（proskynesis），并一起为她和迈克尔欢呼喝彩。[62]

需要进一步说明的是，女性在罗鲁斯上系一条腰带，其目的可能是帮助支撑罗鲁斯的重量，因为罗鲁斯是一件由皮革制成的通体服装，上面镶嵌着大量珠宝，它一定非常沉重。通过在腰部系带，无疑会将肩膀和后背承担的部分重量转移至更结实的臀部，这就像我们现在使用的背包，会在臀部系带来分担来自肩膀的压力。例如，皇帝安德洛尼科斯·科穆宁努斯（Andronikos Komnenos，公元1183—1185年在位）因为沉重的罗鲁斯选择了骑马，而不是步行前往基督的圣地，“别人嘲笑他是一位疲惫不堪的‘老人’，因为一天繁忙的工作和沉重的皇家礼服压垮了他，如果他步行的话，不仅会弄脏他的礼服，还会影响他的健康。”[63]身材较小的皇后或者怀孕的皇后们，都可以通过系上腰带来减轻罗鲁斯的重量，这也说明腰间束带的罗鲁斯只被女性使用，同时说明了出现的原因。例如，皇后佐伊在漫长执政生涯中绘制过多幅肖像画，画中的罗鲁斯既有腰间束带的，也有不束带的。拜占庭中期的皇后们都穿着与皇帝没有性别区分的礼服，这也与文献记载基本一致，显然，腰间束带的罗鲁斯对于拜占庭人来说并不是什么新奇的样式。

除了极个别的例子外，拜占庭帝国的统治者以男性为主，所以，罗鲁斯也被视作男性礼服。当皇后们要显示她们的权力和地位时，就要穿不同于其他女性的服装，特别是皇后们从来不佩戴面纱。因此，皇后的礼服也被视为“权力的服装”[64]，因为她们穿着与男性相同的服装。然而，根据对男性服装的调查发现，皇帝的礼服不同于其他上层阶级男性的服装，它不是典型的拜占庭男装。

让我们再次回溯一下拜占庭早期的皇家礼服，当时的皇帝通常穿着短款的丘尼克，外穿一件克拉米斯，并用镶嵌珠宝的别针菲比拉扣合，正如上文中的查士丁尼和狄奥多拉的服装。皇帝的服装与其他身居高位的男子们的服装基本相似，只是他们的克拉米斯没有查士丁尼和狄奥多拉的那么精致，他们的克拉米斯常以单纯的白色为主，上面饰有紫色的塔布里昂，菲比拉也更加简单，上面不镶嵌珠宝。尽管他们的服装与查士丁尼的极为相似，但我们通过服装还是可以轻松地将他们与皇室夫妇区分开来。

在希腊塞萨洛尼基（Thessaloniki）的圣德米特里奥斯教堂（Church of St. Demetrios）中有一幅公元7世纪初的马赛克镶嵌画，画中描绘了圣德米特里奥斯与两个小男孩的形象，他们都穿着由菲比拉扣合的克拉米斯，可见这种服装也适用于宫廷外的富有男子们，这种服装塑造出来的优雅形象很适合于肖像画。[65]画面中崇高的圣德米特里奥斯已被塑成一个富有的拜占庭公民的形象，他的克拉米斯上有装饰图案。圣德米特里奥斯是孩子们的守护神，所以画面中他与两个祈求者，也就是两个小男孩站在一起。关于两个小男孩的服装，由于目前缺乏儿童服装的相关资料，所以很难判断其服装是否属于当时富裕家庭男性儿童的服装，但我们可以推测，这应该是他们最好的衣服，因为一个人通常会穿着最好的衣服来完成肖像画的绘制。

在拜占庭中期，我们发现皇帝的礼服与其他富有公民的服装没有任何相似之处。其他朝臣不能穿罗鲁斯，除了在复活节期间，贵族们才被允许穿罗鲁斯。[66]大多数男性常常穿着长款的丘尼克，外面会有一个罩袍或穿一件克拉米斯。例如，卡帕多西亚的卡拉巴斯・基利斯教堂（Karabas Kilise）中绘于公元11世纪的肖像画中，有普拖斯帕塔奥斯（protospatharios）和迈克尔・斯凯皮德斯（Michael Skepides）的形象，他们都穿着一件锦缎长袍和卡夫坦［图6（c）］。[67]还有一个例子是，在位于塞浦路斯阿西诺（Asinou）的帕纳贾・弗拜提萨教堂（Church of the Panagia Phorbiotissa）的绘于公元1106年的壁画中，描绘了捐赠者尼基弗鲁斯（Nikephoros）向圣母捐献教堂的形象，尼基弗鲁斯穿着一件厚重的锦缎长袍和一件长款的丘尼克。[68]

当皇帝不穿礼服时，也就是不穿罗鲁斯、黛维特申、提兹加，甚至不戴王冠时，他的服装就与其他朝臣的没有区别。在《约翰・克里索斯托的布道书》的插画中（Coislin 79, fol.1v），尼基弗鲁斯三世・布林尼乌斯与皇后都穿着罗鲁斯。但在另一幅插图中有他与朝臣们的群像（Coislin 79, fol.2r），他穿着丘尼克，外披克拉米斯，这与朝臣们的服装相同（图3和图5）。但他头上的华贵王冠和丝绸鞋提兹加，都体现了他的皇帝身份，并将他与朝臣们区别开来。除了在他右边的一位头衔为“普特维斯塔里奥斯（protovestarios）”和“普罗德罗斯（protoproedros）”的人物外，其他朝臣的服装与皇帝的几乎完全相同，他们都穿着丘尼克，外面穿一件华丽的克拉米斯。

根据这些材料，我们可以得出这样一个结论，即在拜占庭中期，皇家礼服与贵族服装是存在区别的，在贵族服装中存在明显的性别差异，而在皇家礼服中没有，皇家礼服的主要目的是凸显帝国的财富和地位。某种程度上，皇帝和皇后只有穿上这些具有象征意义的礼服才能真正成为帝国的最高领导者，即便有时他们会像朝臣那样穿着，而不穿罗鲁斯，但他们还是会专门戴上王冠，或穿上丝绸鞋提兹加，以凸显他们至高无上的君主身份。

相反，如果皇帝或皇后没有穿戴皇家礼服中的任何配件，他们都不会被承认是皇帝或皇后。公元920—944年的皇帝罗曼诺斯一世·勒卡佩诺斯（Romanos Ⅰ Lekapenos），当时属于君士坦丁·普菲尼基尼特斯（Constantine Porphyrogenetos）少数派，他十分认真地对待皇帝的衣装：

> “我想我应该通过身上的服装来展示出我的帝国地位，并佩戴能标志地位的配饰。”因此，人们达成共识，让他穿上皇帝专属的“红色鞋”。一年后，他对他的“王子们”说，人们嘲笑他像一个哑剧演员，因为虽然他穿着明亮的红色的帝王鞋，但头上却戴着普通的头饰。所以，他后来又专门戴上了王冠。[69]

同样，在公元11世纪末，亚历克西斯一世（Alexios Ⅰ，公元1081—1118年在位）的母亲安娜·达拉塞纳（Anna Dalassena）被加冕为皇后，她和戴着面纱的宫女们一起走进圣索菲亚大教堂的附属建筑尼古拉主教（Bishop Nicolas）的圣所时，守卫们拦住了她们，并盘问她们的身份，这是由于皇后安娜没有穿皇家礼服，所以守卫们无法辨认出她的身份。[70]这些例子清楚地表明，皇家礼服是确定身份的主要手段，这在中世纪很常见，有大量资料表明，中世纪的人们会通过衣装来表明自己的身份。比如，通缉罪犯的海报主要通过描绘服装来形容罪犯的形象，而不是描绘面部相貌。[71]在中世纪仅凭皇帝的面部特征是无法进行辨认的。当时，各种冒名顶替者常常会使用服装和首饰配件等来伪装成贵族，而不是通过假发、化妆品等。[72]

拜占庭中期，皇帝和皇后的服装样式已不同于早期的皇家礼服，在公元4—7世纪，皇帝和皇后的礼服是很容易区分的，但从公元8世纪开始，这种区别逐渐消失。尽管在早期，皇后有时会穿长款的丘尼克和克拉米斯，但克拉米斯上面没有装饰别针菲比拉，以表明她是女性。从公元13世纪以后，拜占庭的皇家礼服再次发生变化，服装中重新体现了性别差异，比如在拜占庭帕里奥洛加斯王朝（Palaiologan）时期出现的新式礼服，但这超出了本书的研究范围。另外，从公元13世纪开始，皇帝重新使用克拉米斯和其他专属于男性的服装。比如萨科斯（sakkos）是一种宽松的腰有束带的丘尼克，到了拜占庭晚期，无论是在帝国中心地区还是其他地区，萨科斯已成为专属于男性的服装。女性们包括皇后在内，开始流行穿有西欧样式的服装，如镂空袖子、高高的尖顶冠等。保存于巴黎卢浮宫的手抄本《亚略帕吉特的狄奥尼修斯》（*Works of Dionysios the Aeropagite*）约制作于公元1403—1405年，手抄本中有一幅描绘皇帝曼努埃尔二世（Manuel Ⅱ，公元1391—1425年在位）与家人们的肖像画（Paris, Musée du Louvre, Works of Dionysios the Aeropagite, fol. 2r），在画面中我们可以看到服装上的这种男女有别的新变化。[73]比如，曼努埃尔和他的儿子被加冕为同治皇帝时，他们都穿着帕里奥洛加斯王朝时期专属于男性的服装，如萨科斯和罗鲁斯，都戴着贴合头骨的半球形王冠。而皇后则戴着一顶西式王冠，身穿一件袖子几乎长至地面的长礼服裙，在礼服裙上又穿着罗鲁斯，罗鲁斯在腰部位置被拉紧，正好与紧身胸衣相贴合，这种穿法也是西式的。

在拜占庭中期，皇家礼服中出现不分性别的现象主要由以下几个原因造成。

第一个原因是这一时期人们重新对皇家仪式产生了兴趣，如《礼记》和《克莱托罗吉翁记》等文本的出现就证明了这一点，皇家仪式需要突出皇室夫妇的公众形象。根据迈克尔·麦考密克的研究，在《礼记》撰写后的二十年里，帝国所举行的各种皇家仪式的次数堪比150年前君士坦丁七世统治时期。[74]迈克尔·麦考密克还阐述了重新对仪式产生兴趣的两个主要原因：首先，君士坦丁希望能够恢复皇家的传统仪式，因为在他统治之前，皇家仪式已经衰落，他希望以后的继任者也能继续复兴这些仪式；[75]其次，继君士坦丁七世·普菲尼基尼特斯之后的两位篡位者，即尼基弗鲁斯·弗卡斯（Nikephoros Phokas）和约翰·齐米斯基（John Tzimiskes，公元969—976年在位），他们上台后十分需要将自己的统治权力合法化，而皇家仪式就是合法化权力最有效的途径，特别是皇家的军事胜利仪式。

第二个原因是王朝的频繁更迭促进了不分性别的皇家礼服的产生。皇后的礼服与皇帝相同，这也意味着皇后是与皇帝平等的，这种平等主要来自皇后的生育能力，因为是皇后延续着皇室的血统，特别是在马其顿（Macedonian）王朝和科穆宁（Komnenian）王朝时期，更加强调皇后延续血脉的功能。学者朱迪斯·赫林（Judith Herrin）提出，公元7世纪拜占庭面临的主要问题就是王位的继承问题，那些受到基督或圣母祝福的皇室夫妇肖像画就是最好的证明。[76]在这些肖像画中，来自基督或圣母的祝福说明了王位的合法性，同时皇家礼服也确定了王朝的正统性。在拜占庭中期，由于王位继承变得更加父系化，所以帝国更加关注皇室血脉，通过血缘关系来获得皇位的可能性大大增加了，以军事胜利或政变篡位而获得皇位的可能性也大大减少了[77]（图7）。

拜占庭中期的两个主要王朝是马其顿王朝和科穆宁王朝，在这两个王朝时期，皇后们会常常作为摄政王来辅助自己儿子的统治，在这一时期，共出现了六位作为摄政王的皇后，她们通过嫁人的方式来保护自己儿子的王位。还有七位皇帝是通过与有皇室血统的女性结婚而登上王位的。[78]另外，还有极少数的皇后，如艾琳、佐伊和狄奥多拉等，她们凭借自己的政治实力统治着庞大的帝国，也有了平等的意识形态，而使军衔和等级都变得与性别无关。[79]

学者芭芭拉·希尔（Barbara Hill）和学者琳达·加兰德（Lynda Garland）等也都注意到，在公元11—12世纪，有政治势力的女性数量有所增加。这些女性通常会穿与丈夫或父亲相同的罗鲁斯，如为巩固丈夫皇位的欧多西亚·玛克勒姆玻利提萨就穿着与丈夫相同的罗鲁斯。资料表明，大多数女性主要是为了确保自己儿子的王位，这些女性也相应地承担起更多的公共职责，其实这一现象的出现更早，公元9世纪当皇后艾琳的丈夫去世后，她就成为儿子君士坦丁六世的摄政王；狄奥多拉是皇帝西奥菲罗斯（Theophilos，公元829—842年在位）的妻子，在公元842—856年，她成为儿子迈克尔三世（Michael Ⅲ）的摄政王。

正如学者芭芭拉·希尔所指出的那样，只要这些女性继续承担这种社会角色，公众就会在一定的程度上接受她们日益增长的政治权力。芭芭拉·希尔还认为，这些女性之所以结婚，很可能就是为了确保儿子未来的王位。如果我们将芭芭拉·希尔的理论扩大来看，这似乎也适用于公元9—10世纪的女性，比如艾琳和西奥多拉，她们不仅延续着皇室的血脉，还有着一定的政治影响力，这也体现在她们的礼服上，她们与皇帝穿着相同的皇家礼服，说明了她们同样是帝国的领导者。

第三个原因是可能与当时活跃的外交政策相关。在拜占庭中期，皇室夫妇积极参与外交活动，拜占庭试图在地中海世界确立其具有强大的影响力，皇家礼服就是象征强大帝国的物质化的表达。休·肯尼迪（Hugh Kennedy）指出，从公元8世纪末到10世纪初，阿拉伯与拜占庭的关系一直比较友好[80]，在这一时期出现了许多次的囚犯交换活动，哈里发与拜占庭宫廷之间的外交接触也逐渐增多，例如，穆斯林萨莫纳斯（Samonas）曾在利奥六世（Leo Ⅵ）的宫廷中担任过职务，并获得了“帕拉考莫门奥斯”（parakoimomenos）头衔。[81] 公元908年，萨莫纳斯的父亲还曾以大使“塔索斯”（Tarsos）的身份来到过拜占庭宫廷。皇帝巴西尔二世主动保持与罗斯（Rus）的往来，并将自己的妹妹嫁给了国王弗拉基米尔（Vladimir），进而建立起两国之间的婚姻联盟关系。[82]拜占庭中期，这种外交式的婚姻联盟更为常见，比如公元972年狄奥法诺（Theophano）和奥托二世（Otto Ⅱ）之间的婚姻联盟。到了公元11世纪，在科穆宁王朝的统治下，拜占庭人与外国人的婚姻联盟更是变得司空见惯。[83]此外，在公元11—12世纪，皇帝开始以更加直接的方式来向外国人展示自己的形象，而这些外国人要么是外交官，要么是战俘。[84]

正是基于拜占庭与邻国之间关系日益密切的历史背景下，其才创造了一套具有象征性的礼服，以此来展示和维护帝国的权力和财富。正如上文所提到的，君士坦丁七世·普菲尼基尼特斯在与阿拉伯人交换囚犯时，他在外国人面前至少有一次是穿着罗鲁斯。公元9世纪末，当穆斯林哈伦·伊本·叶海亚前来访问君士坦丁堡时，曾亲眼看见了穿着“节日盛装”的皇帝在向囚犯们展示自己的形象，他注意到这些衣服是用“珠宝镶嵌编织”而成的，这可能就是罗鲁斯。[85]

考虑到罗鲁斯通常只有在复活节、外交仪式，以及五旬节的时候穿着，我们可以推测，拜占庭人应该还会通过其他的方式来展示皇家礼服，这种方式应该就是图像。毫无疑问，在拜占庭中期流传最广的图像就是硬币，硬币中的皇帝都穿着罗鲁斯。手抄本插图也是皇家礼服的另一种传播方式，[86]马赛克镶嵌画和壁画也成为展示皇家礼服的重要手段，在拜占庭国土上旅行的外国人会看到这些图像，例如，在君士坦丁堡参加外交仪式的外交官员们，他们肯定会看到圣索菲亚大教堂马赛克镶嵌画中的帝后肖像画，那些华贵的罗鲁斯向外交官员们展示了帝国的威严。

尽管罗鲁斯的使用场合很有限，但罗鲁斯在公众社会中扮演着非常重要的角色。对于那些在现实生活中，或在图像中看到皇家礼服的人来说，他们可以迅速接收到罗鲁斯的象征意义。罗鲁斯清楚地向民众传达出，皇帝就像天堂里的大天使一样，他是上帝在人间的战士和守护者。同时，罗鲁斯又是一件镶满宝石的华丽服装，它还向民众和外国人展示了帝国的财富和权力。皇后的服装与皇帝的相同，这种没有性别区分的皇家礼服也表明了皇后的崇高地位。最后，在复活节，皇帝需要穿着罗鲁斯去发放赏金，执政官们也需要穿着罗鲁斯向民众慷慨地分发礼物，这也说明了罗鲁斯是延续罗马服装的一种传统服装。

第四节　克拉米斯

罗鲁斯作为一种象征性的服装，具有不同寻常的地位，那么，其他更为实用和常见的宫廷服装又具有什么样的意义呢？如前所述，皇帝和皇后在仪式场合会头戴王冠和脚穿提兹加，但在多数情况下，皇帝并不穿罗鲁斯，而是穿着源自罗马军装的斗篷克拉米斯，这也是其他宫廷男性们常穿的一种服装。与其他的拜占庭服装一样，克拉米斯也在罗马服装的原型基础上演变而来，克拉米斯是对罗马服装帕鲁达门托姆（paludamestum）的一种改进。在罗马晚期，帕鲁达门托姆主要是士兵、猎人和骑手们常穿的一种短斗篷，到了拜占庭早期，这种短斗篷逐渐成为由毛毡制成的、专供军人穿着的斗篷，或短或长，统称为克拉米斯。由于许多拜占庭的皇帝都是军人，所以，到了君士坦丁一世时期，这些军事皇帝们开始穿由奢华丝绸制成的克拉米斯，并将其作为礼服来使用。[87]

皇帝们通过添加一个由珠宝装饰而成的别针菲比拉，将他们的克拉米斯与军队长官和朝臣们的克拉米斯区分开来。这种装饰别针菲比拉通常将克拉米斯固定在颈肩的位置。通常，克拉米斯会在右肩膀的位置敞开，以方便手臂自由地挥剑，即便是在非军事仪式上，克拉米斯也仍以同样的方式穿着。克拉米斯的长度比较自由，可以长至脚踝，也可以长至膝盖。但在正式的礼仪场合，克拉米斯往往会比较长；当作为军事服装使用时，常常会比较短。通常，克拉米斯上还会有大量的加金或银的刺绣，外观十分华丽。

除了菲比拉外，克拉米斯在前胸位置处还会饰有一个大的矩形装饰块，称为塔布里昂，这又将克拉米斯的礼仪用途与军事功能区分开来。通常皇帝的克拉米斯是白色或紫色的，上面的塔布里昂用金线缝制，通常克拉米斯穿在白色或紫色的丝制袍黛维特申上面。

在拜占庭中期，尽管罗鲁斯具有了“皇冠上的珠宝”的地位，但克拉米斯却是最为实用和常见的帝国礼服。在一年当中的重要庆典场合，皇帝会穿克拉米斯，正如前文所述，皇帝还会头戴王冠，脚穿提兹加，有时皇后也会穿克拉米斯。[88]根据《礼记》可知，在“献主节”（Hypapante）、“五旬节”（Pentecost）、“棕枝主日”（Palm Sunday）的庆祝活动中，皇帝都会穿着克拉米斯。另外，在几次大游行以及朝臣的晋升仪式中，皇帝也都会穿克拉米斯。例如，在贵族的晋升仪式上，皇帝会坐在举行仪式的大厅里，头戴皇冠，身穿丝制的贯头长袍黛维特申，最上面穿一件克拉米斯。根据文字记载，皇帝在出生和去世时也都要穿克拉米斯，其穿着方式与他在加冕典礼上的方式相同，他在出席葬礼时也会穿克拉米斯。[89]

在现存的为数不多的文本资料中，有关于皇帝在加冕典礼上使用克拉米斯的相关记载。如在描写君士坦丁七世·普菲尼基尼特斯参加加冕仪式的文本中就提到了克拉米斯，但并没有详细说明克拉米斯的样式。公元13世纪克拉里（Clari）的罗伯特（Robert）曾描述了鲍德温一世（Baldwin Ⅰ）在公元1204年举行的加冕典礼仪式，并记录了拜占庭帝国在君士坦丁堡为这位新的拉丁皇帝加冕时所使用的克拉米斯，具体如下：“……他在最外面穿上了一件非常华丽的克拉米斯，上面饰满了贵重的宝石，克拉米斯上有鹰的图案，也是由宝石制成的，散发出耀眼的光芒，看起来就像披风在燃烧。”[90]可惜今天幸存下来的装饰有鹰形图案的丝织品多是大型的壁挂，但人们可以想象，用于鲍德温加冕仪式的丝质克拉米斯，上面的鹰形图案应该是由金色和紫色织成，很像今天藏于法国欧塞尔（Auxerre）的丝绸上的鹰形图案。[91]这次加冕典礼中，服装上的许多图案可能都是来自西方的装饰纹样。学者迈克尔·亨迪指出，鲍德温加冕时的这件衣服应该来自君士坦丁堡的布莱切纳宫（Blachernae Palace），这是专门从斗篷类礼服维斯蒂亚里翁（vestiarion）中挑选出来，专为这次加冕典礼使用的。[92]

身穿克拉米斯的皇帝形象也进一步证实了公元13世纪克拉丽（Clari）的描述。在圣索菲亚大教堂的马赛克镶嵌画中，有一位忏悔者的皇帝形象，他可能是利奥六世（Leo Ⅵ）[93]。画面中的他穿着一件由白色丝绸制成的克拉米斯，上面有金线制成的菱形图案，在克拉米斯的沿边上也有大量的金线装饰，镶嵌有黄金和珍珠的别针菲比拉将克拉米斯固定在右肩。藏于梵蒂冈使徒图书馆的手抄本《帕诺波利教义》（*Dogmatic Panopoly*）卷首的插画中（Vatican City, Biblioteca Apostolica Vaticana, MS Gr. 666, fol. 2r），描绘有皇帝亚历克西斯一世（Alexios Ⅰ）从教父那里接受教义的情景（图8），正在祈祷的亚历克西斯一世双手向前交叉，他身穿一件深蓝色的克拉米斯，上面饰有金色的叶子图案，在他克拉米斯的下面是一件同样色彩和材质的贯头长袍黛维特申。另一页中，有亚历克西斯一世正向基督展示他的福音书的场景，画面中的亚历克西斯一世穿着罗鲁斯，这里的罗鲁斯意在将亚历克西斯一世比作为大天使，即神的守卫者，而克拉米斯则将他描绘成正在接受教义的人间皇帝。

无论是接待来访者，还是参加各种仪式活动，克拉米斯都是皇帝的首选礼服。普赛洛斯记载过关于巴西尔二世的一些轶事，其中有这样一个故事，即巴西尔二世拒绝穿皇家礼服，由此可知，在日常的宫廷生活中，克拉米斯是皇帝最常穿的服装：

> 皇帝蔑视五颜六色的(衣服)，不屈服于(穿着)那些布满不必要装饰的服装……他很蔑视这类服装，他的脖子上没有戴装饰衣领，头上也没有戴皇冠，他只穿着一件有紫色镶边的克拉米斯，而且颜色不太明亮。[94]

很难说清楚巴西尔二世是否真的穿了件朴素的克拉米斯，因为普赛洛斯是用这个故事来赞扬巴西尔的崇高美德。尽管如此，这段文字还是清楚表明，无论是在游行还是接待朝臣时，皇帝最常穿的应该是亮紫色的克拉米斯，下面再穿一件色彩明亮的丘尼克。

皇帝在外交场合中也常常穿着克拉米斯，这也使克拉米斯传播到了国外，目前留存的外国统治者的肖像画充分证实了这一点。例如，藏于莫斯科国家历史博物馆的《保加利亚的君士坦丁文集》(*Lectionary of Constantine of Bulgaria*)中，有一幅公元12世纪的保加利亚沙皇鲍里斯(Boris)的肖像画，站立着的鲍里斯身穿一件有珍珠镶边的克拉米斯(Moscow, State Historical Museum, MS 262)。保加利亚学者约翰·迪肯(John The Deacon)对公元9世纪末和10世纪初的保加利亚普雷斯拉夫(Preslav)地区的统治者形象进行了研究，他指出当时的统治者穿着"镶嵌有珍珠的衣服"，手持一把金剑，形象十分华丽。[95]藏于巴黎的克吕尼博物馆(Musée Cluny)的一件象牙雕刻品中出现了奥托二世的形象，奥托二世穿着一件克拉米斯，但是他的拜占庭妻子西奥法诺则穿着罗鲁斯，罗鲁斯的样式与拜占庭图像中的一致，但这并不能反映出当时的实际使用情况。[96]格鲁吉亚和亚美尼亚的几位统治者也常被描绘成身穿克拉米斯的形象，这反映出他们对拜占庭礼服的模仿。例如，在公元963—966年的奥斯基教堂(Oski)的外墙立面中，描绘了格鲁吉亚统治者达维特三世(Davit Ⅲ，公元1000年)的形象(图9)，这与亚美尼亚统治者巴格拉特(Bagrat，公元966年)的形象相似，他们都穿着一件克拉米斯。[97]

简单回顾一下克拉米斯的历史就会发现，它在帝国服装史中无处不在。在拜占庭早期的宫廷中，克拉米斯象征着军事力量，这件延续罗马传统的服装，在拜占庭皇帝和朝臣们的眼中具有军事象征意义。许多皇帝都是通过卓越的军功而最终获得皇位，所以在硬币和其他艺术作品中，我们经常看到身穿军服的拜占庭皇帝。曾在君士坦丁堡费城广场(Philadelphion)上矗立着君士坦丁儿子的岩石雕像，雕像上面的每一位凯撒都穿着军服，他们在护胸甲的下面都穿着克拉米斯，每人都配有一把宝剑。到了公元6世纪，克拉米斯几乎没有出现任何变化。在著名的巴贝里尼象牙(Barberini)中，展示了皇帝查士丁尼所取得的军事胜利，画面中，查士丁尼骑在一匹战马上，他身穿护胸甲和克拉米斯。[98]

拜占庭早期的皇帝也会穿着克拉米斯来参加一些非军事的活动，这又意味着克拉米斯终将转变为礼仪服装。例如，在卡蒂斯玛（kathisma）的狄奥多西柱（Theodosian column）的底座上有狄奥多西一世（Theodosios Ⅰ）的形象，他正坐在赛马场观看庆祝活动，穿着一件克拉米斯。在大多数拜占庭早期钱币上，都有穿着克拉米斯的皇帝形象。

虽然到了拜占庭中期，皇帝的礼服已不再像早期那样具有鲜明的军事特征，但仍有一些图像会突出皇帝的军人身份，尽管这类图像并不常见。如藏于威尼斯马尔恰纳图书馆的《巴西尔二世的诗篇》（Psalter of Basil Ⅱ）中（Venice, Marciana Library, MS Z 17，fol. 111），[99]描绘了巴西尔二世正在践踏保加利亚敌人的形象（图10），巴西尔二世穿着一件克拉米斯，上面有一个挂在双肩的金色护胸甲。

硬币中的穿克拉米斯的皇帝形象不同于穿罗鲁斯的皇帝形象，其目的可能是展示他们的军事能力。例如，通过军事能力而获得皇位的艾萨克一世（Isaac Ⅰ），硬币中的他身穿克拉米斯，手中挥舞着宝剑，是一幅生动的英雄形象。[100]然而，大多数图像中的克拉米斯则并不具有军事功能，如前面已讨论过的亚历克西斯一世（图8）。另外，两张描绘尼基弗鲁斯三世·布林尼乌斯的插画，一张是他与朝臣的图像（图3），另一张是他与圣徒萨巴斯（Sabas）的图像（Coislin 79, fols. 2r and 1r）。在这两幅画面中基弗鲁斯都穿着克拉米斯，根据画面场景可知，尼基弗鲁斯在这里没有穿罗鲁斯的必要。如前所述，因为尼基弗鲁斯已经出现在了手抄本的首页，他与阿拉尼亚的玛丽亚一起出现。在这两张描绘尼基弗鲁斯会见朝臣和圣萨巴斯的场景中，穿着具有实用功能的克拉米斯是非常合适的，这与亚历克西斯一世的克拉米斯的功能是一样的。在这些图像中的克拉米斯样式与其他拜占庭皇帝的斗篷相同，都是一种十分华丽的丝绸服装，这已与罗马式的军装斗篷相去甚远。

与其他学者一样，迈克尔·亨迪也认为克拉米斯是拜占庭帝国最具代表性的服装。[101]然而，我们根据文本和图像可知，虽然克拉米斯适合于游行、加冕等许多重要的仪式场合，但它还不能成为最具代表性的皇家礼服。因为，不仅仅只有皇帝穿克拉米斯，在宫廷里的其他人也都可以穿，而且在宫廷外的普遍民众也可以穿，这就大大削弱了克拉米斯作为皇帝专有礼服的特殊地位。某种程度上，克拉米斯类似于今天的商务西服套装，美国总统可以身着西装去参加就职仪式，同时，几乎每一位国会议员也都可以穿着西服套装来上班，在职场中的人士也可以随时穿着西服套装来工作。

让我们再次回到手抄本《约翰·克里索斯托的布道书》中描绘尼基弗鲁斯三世·布林尼乌斯与朝臣们的插画中，我们发现基弗鲁斯和朝臣们都穿着一件克拉米斯（图3）。坐在王座上的尼基弗鲁斯身穿一件深蓝色的克拉米斯，上面绣有金色的桃形图案，在桃形图案的边缘环绕着珍珠，在克拉米斯前胸的位置装饰有巨大的由金线刺绣的、镶有珍珠的塔布里昂，这体现出皇帝的克拉米斯比其他朝臣们的都要华贵。在他身后的三位朝臣也都穿克拉米斯，他们的克拉米斯为红色，上面饰有金色的桃形图案。但他们克拉米斯的穿着方式与尼基弗鲁斯的不同，他们将克拉米斯拉在身体正前方后紧紧闭合。另外，他们的克拉米斯上也没有珍珠装饰，而且塔布里昂的装饰面积也要比皇帝的小。除去这些装饰细节，我们看到皇帝的克拉米斯几乎与朝臣们一样，可见，克拉米斯在帝国服装中并没有特殊的地位。将尼基弗鲁斯三世与朝臣们真正区分开来的服装是王冠和丝绸拖鞋提兹加。当然，尼基弗鲁斯的画幅最大，并处于画面最中心的位置，这也说明艺术家刻意通过位置安排和图像处理来突出皇帝的特殊身份。

根据文献记载，不同级别的朝臣都会被要求在一些特殊场合穿克拉米斯，根据《克莱托罗吉翁记》的记载，拜占庭的贵族、官员、参议员、军事领袖、地方法官等，在参加各种庆祝活动时都需要穿克拉米斯，这也说明克拉米斯在帝国服装中的重要地位。而关于克拉米斯的具体形式却没有相关记载，文本中主要记载了不同级别朝臣的克拉米斯颜色会不相同。《礼记》认为克拉米斯是对服装的泛指，且使用范围极广。例如，在复活节的星期二，也就是在圣塞尔吉乌斯节（St. Sergius）上，所有来到查士丁尼餐厅的朝臣都必须穿白色的克拉米斯，“所有的权贵们都穿着白色斗篷，陆续抵达……”[102]同时，朝臣们还要穿着克拉米斯出席每天的庆祝活动。

克拉米斯并不是皇室的专用礼服，也不具有象征帝国威严的特殊意义，所以在拜占庭中期的图像中，克拉米斯并不常见。然而，在现实生活中克拉米斯却是最为常见的。这就引发了一个问题，为什么克拉米斯会如此常见呢？克拉米斯源自罗马军用服装，但后来被用作日常服装，也就是宫廷的日常服装。

从军用服装转变为日常服装，主要是因为在宫廷中它的角色发生了变化。拜占庭早期，包括皇帝在内的大多数皇室成员，掌握着国家的军事大权；到了拜占庭中期，皇室成员的军事权力只是象征性的，他们没有实权，仅有个军事头衔而已。学者马克·惠特托（Mark Whittow）指出，从公元7世纪开始，军事头衔“斯帕塔里奥斯（spatharios）”和“普拖斯帕塔奥斯”（protospatharios）已成为一种对权贵的尊称，并没有实际的权利。[103]“斯帕塔里奥斯”的字面意思是“持剑者”，原指皇帝身边的贴身警卫，到了公元8世纪，这个头衔已不具备警卫职责，只是个称谓而已。到了公元10世纪，宫廷中数十名男子都会被授予这一头衔，他们并不担任军事警卫的职责。[104]学者亚历山大·卡兹丹（Alexander Kazdhan）指出在拜占庭中期，帝国宫廷已从一个军事法庭转变为一个民事法庭，这就培养了一批新兴贵族的崛起，亚历山大·卡兹丹认为这批新贵族是否还具有军事能力是非常值得怀疑的。[105]

拜占庭人反复强调要遵守传统，这其实是要延续朝臣的头衔、等级和职责等的传统，随着时间的推移，这些传统很难被延续下去，但宫廷仪式和礼仪服装却可以很好地延续。[106]在《克莱托罗吉翁记》中记载，当皇帝招待外国使者时，与皇帝最亲近的达官贵人们要坐在皇帝的餐桌旁，这些达官贵人们要穿克拉米斯和凉鞋坎帕贾（kampagia），例如，在其中一次宴会上，在皇帝餐桌上围坐着数人，“十二位朋友，他们像十二位使徒一样排成一行，紧邻着皇帝，他们穿着自己的克拉米斯，脚穿坎帕贾”[107]。需要注意的是，通常与皇帝一起用餐的达官贵人是没有任何军事职务的。[108]

到了拜占庭中期，女性偶尔也会穿上克拉米斯，这说明克拉米斯已不是宫廷专属的，也成为普通民众的服装。公元6世纪，皇后狄奥多拉与丈夫一同穿着克拉米斯，以表示她在帝国的崇高地位，皇帝则是出于军事目的而穿克拉米斯。在公元1118年以后，作家尼基弗鲁斯·布莱尼奥斯（Nikephoros Bryennios）曾记载过安娜·达拉森（Anna Dalassene，约公元1025—1100/2年）的事迹，文中描绘了这样一个戏剧性场景，安娜·达拉森坐在几位法官面前接受审判，她穿着一件克拉米斯，她从克拉米斯的下面拿出了一个基督圣像，并宣称世上的法官不能审判她，只有基督可以。[109]在《小圣玛丽传记》（*vita of St. Mary the Younger*）中记载了在她死后，需要出售她的克拉米斯来偿还她所欠的债务。[110]这说明宫廷之外的女性的确拥有克拉米斯，同时也说明克拉米斯是很值钱的。藏于圣彼得堡的福音书中有一幅绘于公元1067年的肖像画，描绘了特拉布宗（Trebizond region）的贵族艾琳·加布拉斯（Irene Gabras）的形象，她也穿着一件克拉米斯（St. Petersburg, Gospel Book Leaves, MS 291, fol. 3r）。[111]

克拉米斯可以被归类为礼仪服装，因为它是重要礼仪场合的必备服装；它也可以被归类为日常商务装，因为宫廷事务通常是与皇家仪式是交织在一起的，比如外交接待、军事胜利、官员晋升等，这不仅是宫廷事务，也属于皇家仪式。尽管皇帝一直都在使用克拉米斯，但它还是不能被定义为皇室专属，因为其他宫廷成员，甚至宫廷外的男男女女也常穿着克拉米斯，这充分说明了克拉米斯在拜占庭的普遍性。

小结

因此，真正意义上的专属于皇室的礼服是罗鲁斯、提兹加和王冠，它们具有鲜明的象征性，代表着帝国的财富和权力。特别是罗鲁斯，为了适应新的基督教语境，改变了罗马传统的服装样式，形成一种专属于皇后和皇帝的华贵礼服的样式，并传递出了拜占庭帝国的威严。

在中世纪拜占庭的肖像画中，皇室肖像画的数量众多，这就容易使人们将肖像画中的服装视为“皇家礼服”。然而，真正反映皇室实际穿着情况的图像是很少的，因为在现实生活中，皇帝和皇后每天都穿着与其他宫廷成员相同的克拉米斯，拜占庭的公民们也都穿着克拉米斯。所以，实际上皇帝和皇后最常穿的应该是克拉米斯，只有在特殊场合，他们才会穿上具有象征性的皇家礼服。

第二章

宫廷服装

虽然男性侍臣和宦官在典礼仪式上都会穿克拉米斯，但根据拜占庭文献记载，他们也会穿其他类型的服装，文献中也有关于朝臣们在不同礼仪场合穿不同服装的要求。另外，服装还可以作为个人收入的一部分存在。《礼记》和《克莱托罗吉翁记》，以及其他的一些文献中，都有对礼仪服装名称的记载，大多数服装名称都是指类似于丘尼克和斗篷的这类服装。大部分文本中的服装术语所描述的服装样式较为模糊，除了个别例子外，大部分的服装术语还是能完成基本定义的。但有些术语也被错误地定义了，如学者们将“斯卡拉曼”（skaramangion）一词错误定义后，在以后的文学作品中一直被沿用。中世纪的拜占庭几乎没有专门描绘朝臣的肖像画，由于图像的缺失也造成了服装的缺失，这就使术语的定义更为困难，最为困难的是对宫廷女性服装术语的界定，因为无论是朝臣的妻子，还是皇室女性，文献中几乎没有关于她们服装的记载，目前只有梵蒂冈使徒图书馆中保存的一份手抄本中出现了宫廷女性的形象[1]（Vatican City, Biblioteca Apostolica Vaticana, MS Gr. 1851, fols. 6 and 3v）（图12）。

本次研究也是在几次重要的对服装术语定义的基础上完成的。学者约阿尼斯·斯帕塔拉基斯（Ioannis Spatharakis）在其著作中曾列出了一个比较精确的服装术语词汇表。[2]学者伊丽莎白·皮尔茨（Elisabeth Piltz）专门整理了《礼记》中出现的大量服装术语。[3]学者玛丽亚·帕拉尼（Maria Parani）在她最新的研究成果中也列出了一份服装术语词汇表，但她的研究材料主要集中在拜占庭晚期，所以她的词汇表可能与拜占庭中期所指的服装类型并不完全相同。目前最具权威性的学者是南希·塞夫琴科（Nancy Sevcenko）和亚历山大·卡兹丹，她们在《牛津拜占庭词典》（*Oxford Dictionary of Byzantium*）中追溯了许多服装类型的源起，并对其进行了定义。[4]《牛津拜占庭词典》也成为进一步研究服装术语的新起点，其中所定义的专业术语也成为服装学者们的重要参考。目前，学术界还没有形成一份精确的、完整的服装术语词汇表。传世文本对服装术语的描述都很模糊，因而无法完成准确的定义，但有些术语可以被进一步解释，因为大多数服装术语都是用来描述拜占庭的宫廷习俗和日常生活的，所以，定义服装术语与研究宫廷服装紧密相连，以下将展开对宫廷服装与服装术语的讨论。

第一节　朝臣的形象

除了文本记载的服装术语外，描绘朝臣们的绘画也为我们提供了一些服装信息。拜占庭的肖像画主要是表现皇帝，表现朝臣的肖像很少，通常，肖像画中的朝臣多是教堂捐赠者的形象，肖像画中的文字题记也表明了朝臣的官职和头衔，我们根据官职头衔可以判读他们是否属于君士坦丁堡的宫廷。例如，卡帕多西亚的卡拉巴斯·基利斯教堂（Karabas Kilise）中有迈克尔·斯凯皮德斯（Michael Skepides）的肖像画［图6（c）］，壁画题记说明了他拥有“普掩斯帕塔奥斯”头衔，这就意味着他在卡帕多西亚地区担任着一定的行政职务。藏于圣彼得堡的福音书中有一幅公元11世纪的描绘西奥多·加布拉斯（Theodore Gabras）的肖像画［图6（d）］（St. Petersburg, Gospel Book Leaves, MS 291，fol.2v），西奥多·加布拉斯当时在远离首都的特拉布宗地区担任州长，他很可能去过君士坦丁堡，但他始终生活在帝国的边境地区，他的服装一定受到了边境文化的影响，详见下文第三章。

在拜占庭中期的手抄本《约翰·斯凯利茨编年史》（*Chronicle of John Skylitzes*）的插画中描绘了大量的历史场景，在这些场景中出现了数百位朝臣的形象，这些形象与教堂肖像画是存在区别的。[5]另外，在《马德里的斯凯利兹手抄本》（*The Madrid Skylitzes*）中的盔甲、武器和人物形象等，都对拜占庭的艺术产生了一定影响。[6]通常在手抄本插画中所描绘的服装都有不准确的地方，这也说明艺术家缺乏相关的认知。例如，藏于马德里国家图书馆的手抄本中有一幅描绘迈克尔一世（Michael Ⅰ，公元811—813年在位）正在为利奥五世（Leo Ⅴ，公元813—820年在位）加冕的场景（Madrid, Biblioteca Nacional, MS Vitr. 26-2, fol.10v），他们两个人都穿着并不适合加冕场合的罗鲁斯，但在该手抄本的另一幅插图中，却准确表现出了另一个加冕典礼的场景，穿着丘尼克的君士坦丁七世·普菲尼基尼特斯正在接受大牧首的加冕，加冕结束后，他应该还会穿上一件克拉米斯（fol.114vb）。

目前，我们仅有六幅描绘男性朝臣的图像、三幅描绘女性朝臣的图像。六幅描绘男性朝臣的图像包括：第一幅是上文提到的《约翰·克里索斯托的布道书》中的尼基弗鲁斯三世·布林尼乌斯的形象（Coislin 79，fol.2r）（图3）；第二幅是藏于梵蒂冈使徒图书馆的手抄本《利奥圣经》（Leo Bible）中[7]，描绘了利奥·萨克莱里奥（Leo Sakellarios）的肖像画（图13）（Vatican City, Biblioteca Apostolica Vaticana, MS Gr.1, fols.2v and 3r），书中还描绘其兄弟君士坦丁的肖像画，君士坦丁拥有“普掩斯帕塔奥斯”头衔；第三幅是藏于阿索斯圣山的拉夫拉修道院的一幅图像，描绘了一位不知名的朝臣正在向圣母祈祷的画面（Mount Athos, Great Lavra Monastery, MS A 103, fol.3v）；[8]第四幅是藏于阿索斯圣山的狄奥尼索斯修道院的手抄本《格雷戈里·纳齐安祖斯布道书》中，描绘了一位不知名的男子肖像，这名男子可能是位宦官（Mount Athos, Dionysiou Monastery, MS 61, fol.1v）；第五幅是藏于梵蒂冈使徒图书馆的一幅描绘梵蒂冈婚姻故事的图像（以下简称“梵蒂冈手抄本1851”）（Vat. Gr.1851, fols. 6 and 2v）（图12）；第六幅是藏于阿索斯圣山的库特鲁目休修道院的图像，描绘了一位名叫巴西尔（Basil）的人，他拥有“普拖斯帕塔奥斯”头衔，他与妻子正站在基督脚下（Mount Athos, Kutlumusiu Monastery, MS 60, fol.1v）。[9]

“梵蒂冈手抄本1851”中描绘了一位来自外国的新娘与拜占庭皇帝结婚的场景，画面可能再现了亚历克西斯二世·科穆宁努斯（Alexios Ⅱ Komnenos，公元1180—1183年在位）统治时期君士坦丁堡的宫廷生活。学者塞西莉·希尔斯代尔（Cecily Hilsdale）指出“梵蒂冈手抄本1851”应该完成于公元12世纪，主要描绘了一位外国公主在抵达君士坦丁堡后即将完婚的场景，塞西莉·希尔斯代尔进一步指出，这本手抄本是专门寄给法国公主安娜·阿格尼丝（Anna Agnes）的，目的是在她抵达君士坦丁堡之前，让她提前熟悉即将到来的婚礼仪式。因此，严格来说，这并不属于肖像画。[10]手抄本中的插画与文本是同时代制作的，目的都是要准确指导外国新娘来到君士坦丁堡后参加婚礼时的礼仪流程与行为规范，所以这些图像的内容应该是比较准确的。画面中的朝臣可能也不服务于君士坦丁堡的皇家宫廷，正如那些远离首都的地方贵族一样，他们虽然不服务于宫廷，但却能拥有宫廷头衔。关于地方贵族的肖像画将在第三章讨论，本章主要讨论朝臣的形象。如果将这些朝臣的形象与拜占庭中期的世俗服装术语结合起来研究，则可以看到拜占庭宫廷服装的发展变化情况，也能明确这些服装所要传达的真正含义。

第二节　服装术语

在本文第一章中所讨论的《约翰·克里索斯托的布道书》中出现了朝臣们的肖像（图3），朝臣们穿着克拉米斯，下面穿着丝质的长款丘尼克。位于皇帝右边的衣橱总管（chief of wardrobe）戴着一顶白色小帽子，他穿着一件中央敞开的外衣，露出了黑色衣领。根据图片我们无法判断出他的下面是否也穿了一件丘尼克。他的外衣应该是一件卡夫坦（caftan），即一种丘尼克和长袍结合的服装。与丘尼克一样，这件外衣主要在室内穿着，与在室外穿着的斗篷不同，这件外衣从前面打开后可以套在另一件衣服上。问题是，我们如何找到一个准确的术语来定义这件衣服呢?

丘尼克

拜占庭中期的文献中至少出现了九个术语来描述这种丘尼克式的贯头束腰长袍，具体有：希顿（chiton）、希玛纯（himation）、斯蒂查里翁（sticharion）、康多马尼基翁（kondomanikion）、黛维特申（divetesion）、卡米申（kamision）、萨布尼昂（sabonion）、科罗比昂（kolobion）、阿布达（abdia）。另外，还有三个术语也可能是指丘尼克的样式，具体有：佩利昂（pelonion）、帕拉戈登（paragaudion）和斯佩基翁（spekion）。学者伊丽莎白·皮尔茨在她的著作《拜占庭宫廷文化》（*Byzantine Court Culture*）中简略地定义了一些服装术语。[11]关于术语所定义的具体服装样式，还需要进一步讨论。

如果将这些术语与图像和文献结合起来，我们就可以获得关于朝臣服装的更多信息。根据文献，我们知道黛维特申不同于丘尼克，黛维特申总是被描述为丝质和长款，只有最重要的朝臣和皇帝才能穿着它，但其他词汇又很难与黛维特申区分开来。拜占庭作家使用了希顿一词来特指拜占庭中层朝臣所穿的丘尼克，在《克莱托罗吉翁记》中，我们发现地位较低的朝臣在各种场合都会穿希顿。[12]然而，希顿一词在《礼记》中却很少出现，这表明希顿可能是与丘尼克相互通用的术语。让我们再回到《约翰·克里索斯托的布道书》的插画中，可以看到除了穿着卡夫坦的朝臣外，其他朝臣都穿着黛维特申，在每位人物的旁边都有铭文头衔，清楚表明了他们的地位高于穿着希顿的人。

希玛纯和斯蒂查里翁也是可以与丘尼克通用、互换的术语，这类术语应该是比较笼统的一种称呼，类似于我们今天所说的“衬衫”和“裤子”等，而不是像“牛皮鞋”或“卡其裤”这类代表特定服装的词汇。斯蒂查里翁有时也指教会执事所穿的长款束腰长袍，上面还会有装饰条纹。[13]希玛纯和斯蒂查里翁都普遍出现在圣徒传记中，所以，它们可以指代宫廷内外的任何类型的丘尼克。

康多马尼基翁（kondomanikion，也写作kontomanikion）是一种短袖长袍，与丘尼克的区别比较明显，根据词义可知，“konto”为“短袖”，“manikion”为“袖身”，所以这一术语专指短袖的丘尼克。这类衣服常出现在舞蹈表演服装中，“治安官、地方法官、贵戚和皇帝的侍从们在跳舞时都会穿着胸衣（thorakion）和康多马尼基翁。”[14]幸存下来的描绘男子跳舞的图像显示，舞者们都穿着短袖的丘尼克，也就是康多马尼基翁。藏于梵蒂冈使徒图书馆的《梵蒂冈圣咏集》（Vatican Psalter）中有几位舞者的形象，其中一位男性舞者就穿着一件有金色镶边的、红色的康多马尼基翁（Vatican City, Biblioteca Apostolica Vaticana, MS Cr. 752, fol. 449r）。

还有一种无袖的丘尼克被称为科罗比昂，这是出自希腊语科罗比斯（Kolobos），意为“去掉或缩短”，[15]这对应了丘尼克去掉袖子后的样式。[16]在《礼记》中有皇帝穿着科罗比昂的记载，皇帝的科罗比昂上还装饰有圆形图案。据伊丽莎白·皮尔茨的推测，《礼记》中的衣服都是宫廷专用的，并且应该都是长袖。[17]尽管在《礼记》中提到皇帝在“葡萄收获节”和“复活节星期一”的仪式上都要穿科罗比昂，但在其他文本中也记载了朝臣和宫廷外的其他人也穿科罗比昂的情况，所以，科罗比昂不应被视为皇室专用的服装。科罗比昂应该是很常见的，如偶像崇拜者君士坦丁的大牧首在竞技场上接受惩罚时，“他们剃了他的脸，拔掉了他的胡子、头发和眉毛，给他穿上一件丝绸的无袖短衣服，并让他坐在马鞍上……”[18]根据描述可知，大牧首穿着的“无袖短衣服”应该就是科罗比昂。藏于西奈山圣凯瑟琳修道院的一幅图画中，描绘了站在圣保罗面前的一位朝臣，他也穿着一件无袖外衣科罗比昂，他的科罗比昂下面是一件丘尼克，丘尼克的袖子颜色显露了出来（Mount Sinai, St. Catherine’s Monastery, MS Cr. 283, fol. 107v）。[19]学者南希·塞夫琴科指出，科罗比昂主要是一种修道院服装。[20]学者伊丽莎白·皮尔茨将科罗比昂描述为长袖应该是错误的，目前还没有证据表明它是有袖子的，另外，这个词的词源也说明它是无袖的。蒂姆·道森（Tim Dawson）指出，达尔玛提卡和科罗比昂有时是可以互换的，科罗比昂在中世纪是有袖子的，他的证据是一件来自教会的服装，这种判断也是不准确的，这就正如“斯蒂查里翁”一词本身就意味着与世俗服装不同。[21]藏于莫斯科国家历史博物馆的公元9世纪的《赫鲁多夫诗篇》（*Khludov Psalter*）中描绘了基督在十字架上被钉死的场景，基督穿着科罗比昂，这是对圣像毁灭的隐喻（Moscow, State Historical Museum, MS 129d, fol. 67r）。综上所述，这种无袖的服装科罗比昂，既可以作为普通的外套，也可以作为室内穿的丘尼克。同时，科罗比昂还超越了阶级差异，成为普通人的衣装，例如藏于巴黎法国国家图书馆的一幅插画中，描绘了一位身着科罗比昂的普通人的形象（Paris, Bibliothèque national de France, MS Cr. 2179, fol. 5r）。[22]文献资料也进一步证明科罗比昂的普遍存在，如写于公元960—1000年的《圣徒伊莱亚斯·斯皮里奥特斯传记》（*The Vita of Elias Speliotes*）中，科罗比昂是对丘尼克的总称，它还可以与希玛纯搭配使用，“……他穿上他的红色希玛纯和一件男人的科罗比昂，脚上穿着凉鞋”。[23]

拜占庭作家所使用的其他服装术语并不十分清楚。卡米申在《索福克勒斯词典》（*Sophocles’s lexicon*）中被定义为外衣，但在《克莱托罗吉翁记》中又出现了与此定义相矛盾的两个例子。[24]例如，一位宦官穿着一件亚麻质地的卡米申，这不适合做外衣，很可能是一件内衣。卡米申上还装饰有布拉蒂亚（blattia）和帕拉戈登，[25]卡米申也会与库比卡里奥斯（cubicularios）搭配穿着。但根据文本，我们并不清楚衣服之间的穿搭覆盖关系，但根据一些细节描述可知，库比卡里奥斯很可能也是一种内衣。迈克尔·麦考密克在对《帝国远征记》中记载的巴西尔一世敬奉亚伯拉罕圣母神殿（Virgin of the Abraamites）时的文字进行解释时，将卡米申定义为丘尼克，当时的朝臣们在君士坦丁堡的梅斯（mese）大街上游行时都穿着卡米申。[26]据此，我们又可以将卡米申理解为一件外套。另外，主教在晋升时需要穿装饰有佩利昂的卡米申[27]，然而文本中并没有关于佩利昂的描述，因此，目前还是无法判断卡米申究竟是外套，还是内衣，又或是丘尼克。卡米申应该是对不同形制服装的一种统称，正如“夹克”一词，既可以指男士在室内的运动外套，也可以指轻便的室外短外套。

最后，服装术语中的帕拉戈登、阿布达、斯佩基翁、萨布尼昂等都无法进行定义。关于帕拉戈登一词的描绘非常模糊，无法给予准确定义。“帕拉戈登”是个拉丁语，是指一种有镶边的服装，也可以指代镶边。[28]奥伊康诺米德斯（Oikonomides）也是这样定义这个词的。[29]约翰·马拉拉斯（John Malalas）明确地用这个词来描述丘尼克，尽管没有用大量细节将其与丘尼克区分开来。他对拜占庭皇帝拉兹（Laz）的描述如下：

> 贾斯廷（Justin）为他加冕……并为他戴上了罗马帝国的皇冠，为他穿上一件白色的丝绸斗篷。斗篷没有紫色镶边，而是金色镶边，中间饰有紫色的徽章，徽章上有贾斯廷皇帝的肖像。皇帝拉兹还穿着一件白色的丘尼克，一件帕拉戈登，上面有金色刺绣，包括皇帝肖像。拉兹穿的鞋子是从他自己国家带来的，上面镶嵌着波斯风格的珍珠，他的腰带上也装饰着同样的珍珠。[30]

学者索福克勒斯（Sophocles）把帕拉戈登定义为一件衣服。[31]

关于“阿布达”一词，《礼记》译者乌奥特认为，阿布达可能是一种由丝绸制成的斯拉夫人的服装。[32]他还提出，阿布达可能指一种亚麻质地的服装，它与阿拉伯语单词“阿巴亚”（abayah，宽松的衣服）相关。阿布达一词在拜占庭语或希腊语词典中都没有出现过，这表明它可能是一个音译成希腊语的外来词。《礼记》中记载了阿布达的使用方式，表明它是统治者所穿的一种丘尼克。[33]

“斯佩基翁”一词在《礼记》和《克莱托罗吉翁记》中常常出现，但其定义也尚不清楚。《克莱托罗吉翁记》的译者奥伊康诺米德斯认为斯佩基翁是一件丘尼克。[34]在《克莱托罗吉翁记》中，这件衣服既可以用于晚宴，也可以用于游行。在《礼记》中有一个故事，五旬节期间，达官显贵们要前往圣莫基奥斯教堂（Church of St. Mokios）参加游行，他们的游行服装就包括斯佩基翁。由此可见，斯佩基翁一词可能指一件在户外游行时所穿的外套。[35]然而，当时的天气可能不需要穿外套。

关于“萨布尼昂”一词，学者伊丽莎白·皮尔茨认为可能是一种丘尼克，在五旬节期间由高级头衔的宦官穿着。[36]根据其他服装文献资料，萨布尼昂也可能是一种新式的服装。[37]

再来回顾一下《约翰·克里索斯托的布道书》中穿卡夫坦的朝臣形象，我们仍无法对其衣服的样式进行定义，以上这些术语都与这位朝臣的斗篷不相符合，所以相关的分析研究工作是极为困难的。

披风

目前学者们一致认为，拜占庭文献中有三个词都是指外衣或斗篷，即克拉米斯、斯卡拉曼吉翁（skaramangion）、萨吉翁（sagion）。除了最常见的克拉米斯外，大多数朝臣还会经常穿着萨吉翁。学者伊丽莎白·皮尔茨认为萨吉翁可能是一种外穿的贯头衣，是类似于克拉米斯的一种斗篷。[38]根据《克莱托罗吉翁记》的记载，萨吉翁总是与丘尼克搭配使用，还可以用带子将其系紧。[39]文献中记载了皇帝与牧首共进晚餐时，皇帝会在晚餐前脱下萨吉翁，离开时再穿上。[40]如果在晚餐前后，皇帝来回脱下或穿上一件贯头衫很麻烦，而且没有必要这样做。所以，可以推测皇帝应该是轻松地解开了保暖斗篷的带子，因为在餐桌前不需要穿它。

最后一个术语是“斯卡拉曼吉翁”，学者康达科夫（N.P.Kondakov）认为这是一种源于波斯的骑行外套。[41]然而，通过对这个术语的研究，发现它还可以指代不同类型的服装和织物，而不仅仅是一种骑马外套。例如，在五旬节的游行中，皇帝会穿着一件蓝色的斯卡拉曼吉翁，上面有金色的饰带，这可能就是康达科夫所说的骑行外套，它相当于一件夹克。根据文献可知，皇帝和朝臣们曾将萨吉翁改为专用的骑马服装，这也表明斯卡拉曼吉翁并不是骑马外套。[42]在宴请外国商团时，所有的宫廷官员们都穿着斯卡拉曼吉翁，只有地位较高的外交官或中尉需要在外面穿上萨吉翁。[43]由此可见，斯卡拉曼吉翁是穿在萨吉翁的下面，应该也是某种类型的贯头衣，而并不是厚重的外衣。[44]最重要的一条关于斯卡拉曼吉翁的记录来自克雷莫纳（Cremona）的柳特布兰德（Liutprand），他记录了皇帝将斯卡拉曼吉翁作为酬劳支付给了当时的显贵和朝臣们。

> 在拜奥弗隆节（Feast of Baiophoron，即棕榈节 Feast of Palms）的前一周，皇帝会向军队和各级官员们分发诺米斯马塔（nomismata）金币，每个人都会收到一笔与官职等级相对应的酬劳……在这些官员中，最高级别的是教区牧首，他获得了若干诺米斯马塔金币和四件斯卡拉曼吉翁，但斯卡拉曼吉翁不是放在他手中，而是扛在肩膀上。低一级的官员是陆军指挥官和海军指挥官，他们的地位相当，所以他们获得了相同数量的诺米斯马塔金币和斯卡拉曼吉翁，他们体格魁梧，不将斯卡拉曼吉翁扛在肩膀上，而是在别人的帮助下将其拖在身后。紧接着是再低一等级的地方治安官，他们得到的是一磅金子和两件斯卡拉曼吉翁。再低等级的官员会获得十二磅的诺米斯马塔金币和一件斯卡拉曼吉翁。[45]

从这段文字中我们可以看出，斯卡拉曼吉翁并不是服装，而是某种厚重的织物。如果在骑马时需要穿这样一件厚重衣服（有时甚至是四件），就会太过沉重。上文中的这些官员在获得斯卡拉曼吉后，要么将其“扛在肩上”，要么将其“拖到后面”，这也进一步说明斯卡拉曼吉翁是某种厚重而结实的织物。藏于修道院的一份公元1077年的目录清单中写道，“由斯卡拉曼吉翁制成的圣桌布”。[46]显然，这里的斯卡拉曼吉翁就是指一种织物，并不是一件衣服。综上，斯卡拉曼吉翁这个词可以被用来描述不同的东西，既可以是贯头衣，也可以是织物，甚至可以是件骑马外套。

通过对斯卡拉曼吉翁这一词汇的研究可知，它与其他许多纺织品的术语一样，也源自地名。斯卡拉曼吉翁的字面意思是“来自柯曼”（Kirman），柯曼是波斯达什特·卢特（Dasht-I Lut）沙漠西南部一个地区的名称。[47]正如现代所说的“牛仔裤”一词的字面意思是“来自热那亚”（Genoa），最初是指来自热那亚的牛仔织物或牛仔服装。康达科夫认为斯卡拉曼吉翁是一种骑马时穿的卡夫坦，[48]与地名没有任何关系。柯曼是一个纺织品生产中心，这里生产羊毛、棉花和丝绸等，其产品需要经过长途贸易才能到达拜占庭。靛蓝也是柯曼的主要作物，所以，柯曼也是亮蓝色染料的重要产地。柯曼是生产提拉兹（阿拉伯语中刺绣的意思）的皇家作坊的集中地。[49]在拜占庭文献中，斯卡拉曼吉翁是指在服装上装饰的大量刺绣，而不是指某种服装样式。因此，将斯卡拉曼吉翁定义为厚重的、有大量刺绣的服装或织物，也正好与文献记载相吻合，如在阿塔莱亚特斯（Attaleiates）的目录清单中，祭坛布上也是有大量刺绣的。这就好像人们所说的穿水貂一样，水貂可以是外套、披肩、耳罩或是帽子等。君士坦丁七世·普菲尼基尼特斯、斐洛西俄斯（Philotheos）等人，显然是故意使用斯卡拉曼吉翁一词来进行炫耀。该地区拥有如此丰富的资源，拜占庭作家就使用了该地区的名字来命名织物，并给读者们留下了深刻的印象，正如今天的克什米尔和帕什米纳一样，地名也成了服装的专用词汇。

服装上的官职标志

人们可以根据描述服装上官职标志的一些术语来想象当时的宫廷官职服装的特点。如术语布拉蒂亚是指一种紫色织物；术语塔布利亚（tablia）是一种布满刺绣的梯形状的织物；术语菲比拉是将衣服固定在肩膀上的装饰别针；术语巴尔塔丁（baltadin）是指镶嵌着宝石的腰带，它可以与丘尼克和斗篷一起穿戴，作为官职等级的标志。据文献记载，一位宦官穿着亚麻长袍卡米申，腰系巴尔塔丁，[50]在他的丘尼克上缝着一个圆形的紫色装饰品，文中没有提到丘尼克的颜色，可能未经染色。文中的另一位宦官也穿着亚麻长袍卡米申，在卡米申“周边都装饰着”紫色的布拉蒂亚，[51]据此推测，这可能是件有紫色镶边的亚麻色长袍。在《约翰·克里索斯托的布道书》中有尼基弗鲁斯三世·布林尼乌斯和约翰·克里索斯托（John

Chrysostom）的肖像画（Coislin 79，fol.2v），我们在尼基弗鲁斯三世·布林尼乌斯的衣褶间可以看到巴尔塔丁的样子，即一条细腰带上有着闪闪发光的宝石，这条腰带将他的长袍黛维特申在腰部位置固定系紧。[52]这张图片也显示出了朝臣们的腰带，但尼基弗鲁斯三世·布林尼乌斯的腰带要比朝臣们的更加华丽，他的巴尔塔丁也使丘尼克和斗篷更加整体，这都成为区分官职等级的重要标志。遗憾的是图像中所有这些配饰都没有实物留存下来。

关于装饰别针菲比拉，有许多遗存下来的实物，在图像中也很常见。尼基弗鲁斯和他的朝臣们都戴着菲比拉，利奥·萨凯拉里奥斯（Leo Sakellarios）也戴着菲比拉（图3和图13）。但目前没有任何资料表明菲比拉是宫廷成员的专属，我们也无法推测菲比拉是如何作为区分官职等级的标志来使用的。《克莱托罗吉翁记》的作者菲洛修斯在整个文本中将某些披风称为菲拉托里翁（fiblatorions），这是一种带有菲比拉的披风，但文中并没有具体描述菲比拉的样子，《礼记》中也没有专门提到菲比拉。由于菲比拉的实用功能使大多数人都需要佩戴它，将其作为识别官职等级标志的作用就被大大减弱了。

作为服装上的官职标志还包括稍后将要讨论的头饰，以及一些需要携带的物品，如剑、法典、鞭子和指挥杖等，这些物品也常常出现在《克莱托罗吉翁记》和《礼记》中，其中指挥杖最为常见。指挥杖与武器一样，都源于军事传统，拥有指挥杖的人通常也拥有军事头衔。[53]礼仪宦官（ostaria，宣布客人到来的宦官）有时也会在工作中拿着指挥杖，所以，目前还无法判断出拿指挥杖的人的具体官职。服装上的官职标志是一个整体，单件斗篷或长袍都不能作为判断官职等级的依据，而需要与其他服装、配饰结合起来，共同表示官职的具体级别。

头饰

帽子是宫廷服装的另一个重要组成部分，也可以作为区分等级的标志。在关于帽子的研究中，学者们发现了一个有趣的现象，即帽子很常见，但却不常佩戴。拜占庭作家很少描述帽子，所以与帽子相关的术语也很少见。尼基塔斯·肖尼亚提斯（Niketas Choniates，公元1155/7—1217年）是为数不多的描写过帽子的作家，他描述了公元12世纪的安德洛尼科斯·科穆宁努斯（Andronikos Komnenos）所戴的帽子样式：

> 安德洛尼科斯·科穆宁努斯穿着一件由格鲁吉亚织物缝制而成的淡紫色开叉服装，衣长至膝盖，袖子只覆盖到上臂；戴着一顶金字塔形的烟灰色帽子。

他接着说安德洛尼科斯·科穆宁努斯：

他不是穿着金色的帝国法衣，而是穿着一件深色的分叉的斗篷，盖住了臀部，伪装成一个辛勤工作的劳动者形象，脚穿白色的及膝靴。[54]

文中提到的帽子是一种“伪装成劳动者”的帽子。图像中的帽子在文本中还未发现有相对应的样式，比如在尼基弗鲁斯·布林尼乌斯右边的朝臣戴着一顶白色的无檐帽。另外，我们在《约翰·克里索斯托的布道书》插画中，看到朝臣们戴着一种红色的流苏软帽（图3），等等。这些帽子都没有相对应的文本记载，这也使学者们得出这样一个结论，即直到公元11世纪，人们才开始戴帽子，因为在阿索斯圣山拉夫拉学院（Lavra Lectionary）所藏的《约翰·克里索斯托的布道书》的插画中（Athos Lavra，MS A 103 fol.3v）以及《梵蒂冈诗篇集》（Vatican Psalter）的插画中（Vat.Gr.752）都出现了帽子。[55]然而，考古资料表明在公元11世纪之前，帽子已成为拜占庭服装的重要组成部分，所以，朝臣戴帽子的时间无疑要早于公元11世纪。

菲洛修斯在《克莱托罗吉翁记》中提到，在几位朝臣头上戴着考尼克拉（korniklia）和王冠，“考尼克拉”一词是拉丁语“考尼克罗姆”（corniculum）的衍生词，意思是角状的头盔。[56]目前还没有发现与这个词相对应的图像，但却证实了早在公元9世纪的宫廷就已经开始戴帽子了。

虽然拜占庭作家并不关注帽子，但克雷莫纳的柳特布兰德在公元10世纪访问君士坦丁堡时就注意到了帽子。他与皇帝尼基弗鲁斯·布林尼乌斯一起骑行时，因为他在皇帝面前戴着帽子而被守卫拦了下来，当时他戴的应该是某种头巾。

柳特布兰德被守卫拦下后说道：

在我们国家，外出骑马的女人要戴软帽和兜帽，男人也要戴帽子。你没有权利在这里要求我改变我们的习俗。我们允许你们国家的使者来访时可以遵守你们自己的风俗，无论是骑马、走路，还是和我们一起围坐在桌子旁，你们都可以一直穿着长袖衣服，佩戴着腰带、胸针等，你们的头发飞扬，你们的束腰外衣长至脚踝，你们只戴着帽子就能亲吻我们的皇帝，这在我们看来是不礼貌的。[57]

这则轶事表明了在宫廷狩猎场中可能会佩戴帽子，而根据柳特布兰德的回答可知，驻西方的拜占庭使者会“戴着帽子亲吻皇帝”，说明戴帽子在当时很常见。柳特布兰德在描述其父亲在公元10世纪下半叶与皇帝会面时，也再次提到了帽子，柳特布兰德的父亲带着来自异国的狗（这种狗的品种在拜占庭并不常见），拜访了皇帝罗马诺斯一世·勒卡佩诺斯（公元920—944年在位），当时皇帝被描写为“……他的衣服奇怪，他的希腊兜帽遮住了脸，大家认为他是个怪物，而不是人。”[58]另一位外国人拉蒙·蒙塔纳（Ramón Muntaner）在公元1302年描写了西班牙人对君士坦丁堡的远征，他写道：“所有的罗马尼亚（即拜占庭帝国）官员都有一顶特殊的帽子，其他人不允许戴这种帽子。”[59]由于拜占庭服装的继承性和延续性，拜占庭官员戴帽子的习俗不太可能是到晚期才出现的。创作于公元10世纪左右的史诗《迪杰尼斯·阿克里塔斯》（*Digenes Akritas*）中描述了主人公戴着一顶红色的毛皮帽子的场景，这说明拜占庭中期就开始使用帽子了。[60]

在描绘尼基弗鲁斯·布林尼乌斯与朝臣们的手抄本插画中，也出现了帽子的形象（图3）。另外，在阿索斯圣山的拉夫拉学院的捐赠者的肖像画中（Athos Lavra，MS A 103，fol.3v），以及“梵蒂冈手抄本1851”中表现“外国新娘”的四幅场景中（Vat.Gr.1851, fols.1, 2v, 3v, 6）（图12），都能看到在拜占庭中期的宫廷中使用帽子的图像。在这些画面中，我们发现了几种不同类型的帽子，如“外国新娘”场景中的女性戴着有装饰物的扇形帽子，男性则戴着梯形帽子、圆锥形帽子，还有球形帽子（图12），这与拉夫拉学院捐赠者帽子的形式相似。尼基弗鲁斯·布林尼乌斯两侧的朝臣们戴着另外两种样式的帽子（图3）。在拜占庭宫廷外的普通男人则很少戴帽子，他们通常佩戴着包头巾，比如在卡帕多西亚的卡瑞克里·基利斯教堂（Carikli Kilise）中的捐赠者里昂（Leon），他佩戴的就是包头巾［图6（f）］。[61]在科林斯（Corinth）发现的拜占庭中期的陶器碎片上，有一名正在祈祷的男子像，他也佩戴着包头巾。[62]虽然包头巾曾是流行于君士坦丁堡的一种时尚（将第三章中详细讨论），但遮盖头部的习俗却在早期已经存在。

在埃及的考古挖掘中，出土了许多公元3—7世纪拜占庭时期的帽子，尽管这些出土的帽子与拜占庭中期宫廷中的帽子存在一定差别，但这还是能让我们了解当时帽子的实际外观。这些出土的帽子通常由羊毛编织而成，帽子紧贴着头部，没有帽檐，多为纯色，帽子上都饰有流苏，部分帽子上还有装饰图案，图案以条纹、几何形为主。在今天美国纽约的大都会艺术博物馆还收藏有同样形制的两顶帽子。[63]这些帽子与尼基弗鲁斯的朝臣们所戴的帽子形制基本相同，有所不同的是，朝臣们的帽子应该是用丝绸制成，或用精细的亚麻布制成，而不是用粗羊毛。

在高加索的莫斯切瓦贾·巴勒卡（Moscevaja Balka）墓地出土了大量的公元8世纪或9世纪来自中亚的服装和配饰，这些物品主要运往拜占庭，本书第五章将进行详细讨论。在莫斯切瓦贾·巴勒卡出土的帽子都是紧贴头部的，丝绸质地，没有帽檐，有些帽子还能盖住耳朵。墓地还出土了几顶羊毛帽，与埃及出土的形制相同，上面也饰有色彩鲜艳的几何图案。[64]这种没有帽檐的帽子的数量相当多，如大都会艺术博物馆收藏有四件，[65]华盛顿纺织博物馆收藏有三件，[66]卡内基自然历史博物馆收藏有一件，[67]由于篇幅的限制，我在此不一一列举。

根据现存的帽子，并结合公元11世纪之前编年史家们对帽子的记载，我们可以推测出帽子的大致使用时间，确实是早于之前所公认的时间。《礼记》中除了记载王冠外，很少提及帽子。我们也缺乏公元11世纪之前的帽子图像，在捐赠者的肖像画中很少出现帽子，如制作于公元930年代左右的描绘的是利奥·萨克拉里奥斯和他的兄弟君士坦丁的肖像画中（图13）（Vat. Cr. 1, fols. 2v and 3v），以及公元10世纪的手抄本《普拉萨波斯特洛斯》（*The Praxapostolos*）插画，描绘了两位不知名的官员与圣保罗的肖像（Sinai Cr. 283, fol. 107v）。[68]在这些画面中都没有出现帽子，这是因为他们作为教堂的捐赠者是不应该戴着帽子出现在画面中。但在拜占庭中期时间稍晚的一幅肖像画中，出现了朝臣戴帽子的形象（Athos Lavra, MS a 103，fol.3v）。

在《礼记》和《克莱托罗吉翁记》中有对拜占庭宫廷服装的相关记载，而在当时的服装中为什么没有使用帽子和头饰，文中并没有给出解释。菲洛修斯也是使用了比较通用的希腊术语“标志”（insignia）一词来描写朝臣服装上的官职标志。实际上，服装上的官职标志包括帽子、指挥杖、圣带，以及布拉蒂亚或塔布里昂等装饰部分。与菲洛修斯一样，君士坦丁七世在描述各派人士前来参加皇帝的加冕仪式时也提到，他们的指挥杖等标志着官职等级的服装配饰就放在他们旁边。[69]君士坦丁七世所说的标志官职等级的服装应该包括好几种配饰，帽子就是其中之一。这种笼统地使用“标志”一词，是这两位作者以及其他大多数作者的常用方法。例如，普赛洛斯在描述罗马诺斯三世的葬礼场景时写道：“（皇帝）躺着，（普赛洛斯）既认不出他的皮肤，也认不出他的形体，只认识他服装上的标志。”[70]拜占庭作家普遍认为当时的读者是非常熟悉官方服装上的标志的，包括头饰，所以没有必要专门提及。

关于缺少帽子的相关文献，还有一个原因就是术语的问题。前面提到的一些我们无法定义的术语，其中部分可能就是指帽子。例如，穿萨布尼昂时还要搭配斯蒂查里翁一起穿着，斯蒂查里翁是个已知术语，指专门在修道院穿的一种束腰外衣，有时也会出现在宫庭中，[71]如“……拥有‘普拖斯帕塔奥’头衔的官员们，穿着他们的斯蒂查里翁和萨布尼昂……”[72]关于萨布尼昂的描述也说明它不是一件常见的束腰外衣，萨布尼昂一词原意为“粗糙的亚麻布”，词义与服装形制没有任何关联，[73]萨布尼昂也很容易被理解为某种头饰，因为在许多地区幸存的帽子都是由亚麻布制成的。在文本或图像中可能并不缺乏对帽子的相关记载，只是现在还不能给予清晰界定与解释。

第三节　宫廷女性的着装

虽然女性也会参加宫廷的各种典礼仪式，但其社会地位却远远低于男性。在《礼记》中仅仅描写了皇后的服装样式与皇帝的相近（详见第一章），而几乎没有描写其他宫廷女性服装，只提到她们会进出于各种仪式场合。例如，君士坦丁七世在描写皇后参加一些典礼仪式时，也提到了其他女性，如拥有“普掩斯帕塔奥”头衔的一名官员的妻子，还有其他的一些女性，但并没有提及她们的服装。[74]此外，在《克莱托罗吉翁记》中描写的仪式场景中也没有提及女性的服装。历史学家曾描述过皇后的服装，但却没有记录其他宫廷女性的服装。

《礼记》中唯一对其他宫廷女性服装的记录，出现在授予“佐斯特克·帕特里夏”（zostc patrikia）头衔的册封仪式上。“佐斯特克·帕特里夏”是一种高等级的荣誉头衔，通常出于外交目的而专门授予外国女性。[75]获得此头衔的女官会在受封典礼仪式上穿着达尔玛提卡，戴着玛芬里翁（maphorion）和托拉基翁。玛芬里翁是一种专门由女性佩戴的头巾，也有专门的男性样式，拜占庭的玛芬里翁应该不是面纱，而是一种兜帽。[76]托拉基翁一词虽然尚未得到明确定义（详见第一章），但应该也是一种常见的女性服装或配饰。[77]达尔玛提卡可能是专属于女性的一种教会服装，是由罗马时期的宽袖丘尼克演变而来；[78]在拜占庭中期的文献中，这个词出现的频率很少，可能也是因为专供女性使用的结果。君士坦丁七世专门提到了“佐斯特克·帕特里夏”女官的服装与皇后的服装，因为她们在宫廷中具有较高地位，其他宫廷女性的服装并没有被提及。由于“佐斯特克·帕特里夏”头衔是唯一一个没有相对应的男性官职头衔，所以拥有这个头衔的女官的服装是完全不同于男性的，这就形成了一个独特的服装样式。

《礼记》和其他拜占庭中期的文本中都没有专门描写女性的着装，因为当时的人们认为女性服装与其丈夫的服装是相对应的、相似的，没有必要专门描写。关于“佐斯特克·帕特里夏”女官的服装，则是由于没有相对应的男性服装才被专门提及的，其他进出宫廷的女性服装都与她们丈夫的服装相对应，这也能直接表明女性的身份和地位。也就是说，当君士坦丁七世描写了前来参加仪式的男性朝臣们的服装后，就没有必要再去专门描写相对应的女性服装了，因为女性服装与男性的是同款。正如本书第一章所述，皇帝和皇后在典礼仪式上都穿着同款的服装，宫廷朝臣们也应该如此。

描绘女官的图像极少，在一份手抄本的插图中出现了女官的形象，即一位外国公主来到君士坦丁堡与皇帝结婚的场景（Vat.MS Gr.1851）。需要指出的是，图像中的这些女性都没有穿与男性相对应的服装。在这个故事中出现了三种类型的女性：第一种是皇室女性，包括前来迎接外国公主的皇帝的姐姐；第二种是侍女，也就是高级女仆[79]；第三种是宫廷女性，但她们的等级不明确，她们可能是朝臣的配偶或皇室的亲属。画面中的女官都穿着同款的贯头长袍，分别站在新娘的两侧。本书第四章讨论了宫廷侍女的服装。

本章我们主要讨论外国公主与皇帝的婚礼场景（图12）。画面中的帐篷外有三位女性，帐篷内有两位女性，她们都穿着长款丘尼克或贯头长袍，袖子都有被剪裁过的迹象，腰部没有经过剪裁，她们服装的装饰图案都不尽相同。在帐篷内，有两位女性，她们是皇帝的姐姐和正在换衣服的公主，她们都穿着贯头长袍，她们头上的王冠清楚表明了她们的特殊地位；

在帐篷外，有两位女性戴着非常大的白色扇形帽子，每顶帽子上都有装饰图案，其中一顶上有弧线装饰，另一顶是N形的装饰线。在帐篷外还有一位女性，其服装与帐篷内皇室女性的服装相同，尽管她没有穿镶有珍珠的华丽衣装，头上的王冠也没有佩杜拉装饰，但她的服装却清楚地表明她也是皇室成员。画面中的所有女性的袖子上都有臂章装饰，这可能是丘尼克上的装饰刺绣带，她们的手从宽大的袖子里伸出来，长长的袖子拂过了脚踝。正如本书第三章中所讨论的，这种袖子是源自西欧的时尚，这与该手抄本的来源也相吻合。[80]

需要注意的是，这些女性的服装是完全不同于男性的，也许她们没有按规定要求穿着，可能因为她们并不是要去一个仪式场合，而是去参加一个只涉及女性的私密活动。在宫廷中男装和女装的另一个显著区别是，女装不像男装那样明确地表明自己的等级地位（王冠除外）。在这幅图像中的女装也没有表示出其与配偶服装相对应的特点，这也说明女装不像男装那样等级鲜明。在《约翰·克里索斯托的布道书》中，尼基弗鲁斯·布林尼乌斯的左边的朝臣们的服装款式都很相似，也正如利奥·萨凯拉里奥斯和他的兄弟君士坦丁的服装也极为相似，只有通过配饰才能区别出他们的不同身份（图3和图13）。男装显示出一种等级秩序，男装中的帽子、装饰品和服装样式等共同形成了一套等级标志。例如，尼基弗鲁斯·布林尼乌斯右边的朝臣们都戴着同样款式的帽子，这表明了他们的地位相当。通过观察利奥和康斯坦丁的服装样式，也能发现他们与尼基弗鲁斯·布林尼乌斯的朝臣们的等级不同，在朝臣们的斗篷上都有塔布里昂。虽然在文本中有关于朝臣服装规定的记载，但目前还不能完全解释清楚这些规定的全部含义。

在“梵蒂冈手抄本1851”中的女性，她们可能会穿也可能不会穿有着明确等级标志的服装，虽然画面中每件长袍的款式相同，但其面料和花色却不尽相同，每个人都有独一无二的臂章装饰，每个人都戴着一顶独特的帽子或王冠。她们服装中出现的共同特点，也许是当时的流行元素，也许是由于她们的级别相近所致，她们服装中的差异性可以被解释为个人的选择，也可以被视为是受等级规范要求的结果。所以，画面中的这些女性要么遵循着一种不被今天所理解的规范制度来穿着，要么是根本没有按照规范要求来穿着。显然，我们仅以一幅女性图像为样本是远远不够的，女性不按照等级规定来选择服装，到底是因为这是女性中的普遍现象，还是因为画面表现的是仪式活动之外的场景，可以不按规定要求来穿呢？目前这些问题都是不清楚的，还有待进一步研究。

小结

在《克莱托罗吉翁记》这类描述规章制度的文本中，除了出现了服装术语外，还能从中看出拜占庭服装的基本发展趋势。首先，要明确朝臣们实际的服装样式和种类要远远大于图像中所表现的。如《利奥圣经》中有朝臣利奥·萨凯拉里奥斯的画像，他穿了一件类似丘尼克的束腰外衣，我们知道束腰外衣的形式多样，丘尼克只是其中的一种，他在丘尼克外面还披了一件披风（图13），这件披风也许是克拉米斯，也许是萨吉翁。学者伊丽莎白·皮尔茨指出，当时的艺术家们将图像进行了风格化的处理后，图像中的每套服装都开始变得模式化，使观者无法区分出束腰外衣和披风的差别，图像所表现的服装是固定类型的服装，但造成这种图像上的区分困难并不是艺术家们的错。

通过比较《约翰·克里索斯托的布道书》与拉夫拉学院手抄本中的朝臣图像，以及《利奥圣经》中的利奥·萨凯拉里奥斯与其兄弟的图像，我们会发现他们的披风有很多不同的地方（图3和图13）。首先，在《约翰·克里索斯托的布道书》中尼基弗鲁斯朝臣的斗篷上都有装饰图案，朝臣的斗篷上还装饰有塔布里昂。拉夫拉学院手抄本中一位不知名的捐赠者穿着克拉米斯，上面也有装饰图案，但没有装饰塔布里昂。利奥与他兄弟的斗篷是纯色的，并镶有装饰沿边。其次，尼基弗鲁斯朝臣们和不知名捐赠者的斗篷的侧边和底边的连接处呈弧线型，利奥斗篷的侧边和底边呈直角连接。再次，尼基弗鲁斯朝臣的斗篷用两个装饰别针菲比拉固定，拉夫拉学院手抄本中捐赠者的斗篷是用一枚小圆胸针固定，利奥与他兄弟的斗篷都用一个菲比拉固定。最后，在《约翰·克里索斯托的布道书》中朝臣们的丘尼克也不尽相同，如在尼基弗鲁斯左边的三名男子中，其中两名男子穿着内衣式的丘尼克，内衣衣料从外衣式丘尼克的底边露了出来，还有一位穿着卡夫坦。在尼基弗鲁斯最右边的朝臣没有穿内衣式的丘尼克。所有朝臣们丘尼克的下摆处都没有装饰金色刺绣。但在利奥和不知名捐赠者的丘尼克的下摆处装饰有金色刺绣。

在我们看来，这些差异非常小，但这可能就是黛维特申和希顿之间的区别。正如今天我们用牛仔裤、卡其裤、长裤、灯芯绒裤、背带裤、正装裤和休闲裤来区分不同类型的裤子，尽管牛仔裤与西装裤大不相同，这种不同主要是由面料和口袋的不同所造成的，但两者的剪裁方式基本相同。但也许对于另一个时间和地点的观者来说，以上这些图像中的区别是极其明显的。虽然，目前我们还无法清楚地指出每个服装术语之间的差别，也无法将术语与图像一一对应起来，但我们明白，当时的艺术家所描绘的服装可能是朝臣们最常用的，这也正如拜占庭作家们记录了当时最常见的服装。

服装术语还暗含了服装的市场价值。因为服装、织物以及黄金都会作为支付酬劳的一种手段，酬劳通常是按物品的重量进行计算的，这是中世纪典型的支付方式。而对于朝臣和其他人来说，服装的重量也成为拜占庭时尚的一个元素。克雷莫纳的柳特布兰德通过观察酬劳的支付情况后发现，织物越厚实细密，就说明酬劳越高。最受欢迎的织锦和刺绣等，都会增加织物的重量。在游行队伍中，御用裁缝穿着“黄金刺绣”。[81]朝臣们的图像也显示出他们常常穿着多层次的衣服以增加重量。相比之下，轻薄的衣服成为圣徒谦逊的象征。普赛洛斯这样描述皇后佐伊：“她鄙视那些身上的装饰品，她既没有穿金锦，也没有戴王冠，脖子上也不戴任何首饰。她的衣服看起来并不厚重，因为她只穿了件很薄的长袍。”[82]

朝臣们的服装上通常会有刺绣图案，但并不都是用彩色的织锦制成。[83]例如，《利奥圣经》中显示出了斗篷的一些细节，斗篷的镶边是一条刺绣装饰带（图13）。服装术语中的布拉蒂亚和塔布里昂等，其实也是指使用刺绣后所形成的形状，这在许多图像中都可以清楚地看到。

在埃及大部分的拜占庭纺织品上都有刺绣装饰带，而这些刺绣带现已从衣服上脱落了下来，衣服都是未经染色的，这表明刺绣带是当时的一种流行装饰。我们可以想象，朝臣们穿着未经染色的衣服，戴着精致的配饰，如腰带或装饰衣领，还会有一些刺绣装饰带。例如，古罗马皇帝和贵族的希顿、腰带等上都会有黄金刺绣饰品。[84]古罗马皇帝会穿卡米萨（Kamisia），上面装饰有布拉蒂亚。[85]在《帝国远征记》中描述了皇家行李车上的宫廷服装，在这些服装中，既有供官员在路上穿的服装，也有作为外交礼物的服装。通常，还会专门记录衣服上刺绣装饰带的数量，许多衣服上都有可拆卸的装饰衣领。[86]朝臣们的丘尼克和斗篷通常都是单色的，在《克莱托罗吉翁记》和《礼记》中描述了朝臣们会用指挥杖、皮带、衣领，以及添加装饰性刺绣等来丰富他们的衣装，更为重要的是，他们将其作为他们服装上的官职等级标志。

华丽的刺绣、精细的面料、贵重的配饰等，不仅是个人身份和地位的象征，而且以一种微妙的方式告诉人们酬劳的多少。朝臣们的酬劳通常是纺织品和配饰，他们常常会佩戴着这些“酬劳”行走。实际上，除了穿着者，其他人并不知道衣服的实际重量，但奢华的面料、鲜艳的色彩、精美的图案等，都直观地显现出这套服装的价值，这是由个人酬劳所组成的一套可以估算出价值的服装。文字和图像也都强调了多层次的服装和多样式的配饰，这在一定程度上可以让穿着者炫耀自己所获得的酬劳，体现出自己的价值。所以，在这一追求的驱动下，朝臣们非常重视服装的剪裁、面料、风格和制作技术，使其构成了一种时尚。

时尚取决于是否改变了传统的衣装规范，同时也取决于人们对于新式服装的渴望。服装的变化成为一种习俗，但在宫廷服装中很难出现这一情况，因为宫廷的衣装都有着制度规定，在专门的仪式场合要求穿专门的服装。哈伦·伊本·叶海亚见证了公元9世纪末皇帝向囚犯赠送“荣誉长袍”的场景，囚犯们在结束盛大的游行后，被带到了大教堂，囚犯们穿着宫廷长袍以表明他们对皇帝的忠诚，虽然这是被迫要求穿着的。[87]

拜占庭宫廷服装的规定也使级别较高的官员可以优先选择好的面料和选择克拉米斯上的装饰配件。服装史学家们一致认为，中世纪的服装不只是作为礼仪服装，当时服装的使用情况是极为复杂的，它们也不应被视为是一种时尚，因为当时服装的剪裁简单，社会各阶层的服装样式都基本相同。时尚在很大程度上被视为始于文艺复兴时期，因为在较短的时间内，人们察觉到了服装风格的显著变化，类似于今天的时尚季。如果我们浏览一下各大图书馆的藏书就会发现，大多数学者都认为时尚是从文艺复兴时期开始的。[88]如时尚理论家安妮·霍兰德等人的研究表明，中世纪的服装一直被认为是实用性的，华丽的面料是研究重点，而忽略了服装的剪裁和风格的变化。著名的服装史学家詹姆斯·拉韦尔（James Laver）为服装史的研究奠定了坚实的基础，他认为："正是在公元14世纪下半叶，男装和女装同时呈现出了新的形式，出现了一些我们可以称为'时尚'的东西。"[89]詹姆斯·拉韦尔认为是定制的服装才创造出了这些"新形式"。[90]修正主义思想家弗雷德·戴维斯（Fred Davis）虽然拓宽了时尚理论的范围，但他也认为时尚出现在公元14世纪。[91]詹姆斯·拉韦尔的评论显示出了人们对于裁剪技术不发达时代的偏见，因此他对时尚的看法也有一定的局限性。根据安妮·霍兰德的看法，时尚是"在任何时间都会令人向往的，在一个特定的社会里，人们都想要穿什么款式的服装，那么，这种款式的服装就会成为时尚"。[92]詹姆斯·拉韦尔和其他学者都是通过服装本身来定义时尚的，而不是通过观察特定人群对服装的欲望来定义时尚的。

宫廷服装是典礼仪式的一个组成部分，其服装样式和规定要求都表现了等级阶级的观念，但在宫庭服装中还是会出现一些变化。例如，克拉米斯是从一件军用服装变成了一件宫廷服装，然后又成为全国公民的常见职业装。虽然我们不能确切地说出克拉米斯作为职业装是从什么时候开始的，但我们至少可以看出，随着时间的推移，人们对这件衣服的接受程度是不断变化的。所以，我们无法确切地说出特定等级的人到底穿着什么款式的衣服。文本中对服装规定的记载也是不严格的，如《克莱托罗吉翁记》就是如此。服装会随着时间的推移而发生变化，这种变化就证明了时尚的存在。另外，随着典礼仪式的变化，规定服装也会发生变化，因为在不同皇帝的执政时期，关于仪式的规定也是不一样的。

此外，我们可以想象，当一位朝臣按规定要求穿着服装时，应该还会有一些自主变化的余地，就像今天我们看到穿着校服的学生，他们在选择鞋子、袜子和白衬衫的领型时，都会非常有创意。所以，我们不难想象，一位被要求穿蓝色斗篷的朝臣，他在整套衣服的搭配上是有多种选择的。例如，公证员会被要求要在省长面前穿上斗篷，但并没有规定斗篷的样式、颜色和配饰。[93]另外，虽然仪式规定了服装样式，但仪式并不是日常活动，有时朝臣不得不穿着非礼仪性的衣服前去参加仪式。例如，普赛洛斯指出参议院的主席君士坦丁·杜卡斯的着装"敷衍了事"。[94]虽然目前不清楚杜卡斯是否习惯于草草地选择礼服，还是因为他没有按规定穿衣服，无论怎样，如果朝臣能严格地按照规定穿着，就不会出现这种被当众指出的情况。

拜占庭服装也因与罗马传统服饰的联系而一直被沿用，正如英国国会议员都戴着旧时代的假发和长袍来表达他们的民主化进程。拜占庭通过参议院、领事馆和军队的规定性服装，来向他们的罗马祖先们致敬。这样，延续性也应被视为是拜占庭礼仪要求的组成部分。

宫廷服装在拜占庭服装中显得与众不同，正是因为它的规定性和延续性，但其实在君士坦丁堡，以及在帝国的各行省，这种规定要求都是相当宽松的。那些与宫廷联系并不十分密切的地方贵族精英们在选择自己的服装时都更加注重服装的款式，这也是他们对周围文化环境所做出的积极反应，他们会根据当地的“时尚”来选择自己衣装。本书第三章将对拜占庭服装提出一种新看法，即拜占庭服装不是依赖于传统，而是依赖于人的欲望的一种服装。

第三章

边境贵族精英的服装

衣着考究的拜占庭公民遍及君士坦丁堡和帝国的各大行省，特别是帝国各行省的贵族精英们都有购买昂贵衣服的经济能力，他们也借此来炫耀自己的财富。在卡帕多西亚和卡斯托里亚等地区，都保存下来了大量地方贵族精英的肖像画，他们通常作为教堂捐赠者的形象出现在壁画中，这些肖像画成为我们了解首都以外拜占庭上层阶级服装的重要材料。他们的衣装不同于拜占庭宫廷，他们对某类服装大胆表现出渴望，推进了时尚的发展，并呈现出了拜占庭服装发展变化的轨迹。

首先，这些地方贵族精英的肖像画反映出了边境地区的文化环境，这是完全不同于首都文化的。卡帕多西亚除了希腊人之外，还生活着格鲁吉亚人和亚美尼亚人，同样在与色雷斯（Thrace）地区毗邻的卡斯托里亚，不仅有希腊人，还有大量来自亚美尼亚和格鲁吉亚的避难者。从公元9世纪中期到11世纪初，保加利亚一直统治着卡斯托里亚地区，从公元1083年开始诺曼人又曾短暂地占领了卡斯托里亚，直到公元1093年，拜占庭皇帝亚历克西斯才重新征服了该地区。[1]虽然生活在卡帕多西亚和卡斯托里亚的贵族们与君士坦丁堡的皇室有着一定的联系，这些贵族们都拥有着高贵的身份和头衔，但他们的衣装却体现出其所生活的边境文化环境，这也说明决定他们服装样式的是地方时尚，而不是首都时尚。边境时尚又会反过来影响首都的时尚，这与现代时尚理论家所惯称的首都影响地方的发展轨迹恰恰相反，这也是拜占庭服装变化的独特轨迹。[2]例如，在首都流行包头巾以前，早在两百多年前的卡帕多西亚，包头巾就已成为常见服饰。

其次，帝国各行省的地方贵族精英的肖像画为我们理解当时的衣装提供了大量有效信息，比如女装，在帝国首都，我们只能看到数量极少的拜占庭女朝臣的图像，就连皇后的服装除了宫廷礼服几乎看不到其他样式，与首都相比，各行省所保留的女性图像的数量更多。同时，壁画中地方贵族精英的服装也反映出了这些地区的富裕程度，图像中人物服装的种类繁多，这表明了在边境地区很容易获得丰富华丽的布料和服装，我们知道边境地区的纺织品很奢华，既有工艺复杂的丝织物，也有华丽锦缎的卡夫坦。

最后，这些图像中的服装也说明在君士坦丁堡以外，还有其他的时尚文化中心存在。例如，格鲁吉亚和亚美尼亚的宫廷服装就主导了当时服装的风格变化；诺曼人的服装在帝国西部边界曾掀起过一股新时尚，这都在边境地区的服装中得到了明确体现，这也说明希腊文化在整个拜占庭帝国中并没有获得绝对的主导地位。

文本资料证实了各行省的富人阶层不仅爱在服装上花钱，还很关心时尚潮流，这与前一章所讨论的宫廷服装形成了鲜明对比，宫廷服装注重的是得体性和标志性。例如，公元12世纪中期，塞萨洛尼基的省长戴维·科穆宁努斯（David Komnenos）因着装太过时尚而受到主教尤斯塔蒂奥斯（Eustathios）的谴责，他写道："（他）穿着裤子，新奇的鞋子，戴着一顶红色的格鲁吉亚帽……（他的）紧身裤在后面用绳结固定。"[3]

根据公元10世纪的圣徒小玛丽的传记可知，她的丈夫在埋葬她时找不到一件合适的衣服，因为她把所有的衣服和珠宝都捐给了教堂。[4]显然，玛丽的丈夫非常希望妻子死后能穿得优雅得体。图德拉（Tudela）的本杰明（Benjamin）是一位公元12世纪的旅行者，他的记录中也提到了拜占庭人的服装，说他们是非常讲究衣装的群体，他写道："居住在这个国家的希腊人非常富有，他们拥有大量的黄金和宝石。他们穿着用黄金和其他贵重材料装饰的丝绸衣服，他们骑在马上看起来就像位王子。"[5]另外，拜占庭的遗嘱清单和嫁妆清单也让我们了解了当时富裕家庭所拥有的服装数量。学者尼古拉斯·奥伊科诺米德斯（Nikolas Oikonomides）在研究拜占庭晚期的遗嘱清单后得出结论，通常一个中等收入的公民会拥有1~3套正式的服装，每套要花费好几个拜占庭海皮拉（hyperpera）金币。[6]我认为这个估计有些保守，因为遗嘱通常只列出那些色彩鲜艳的高级织物和服装。此外，根据拜占庭宗教文献，通常修士和修女在一年中会得到两套服装，一套用于寒冷的天气，另一套用于温暖的天气，这两套服装显然与修道院简朴的生活相一致。[7]据此可以推断，一个拜占庭公民拥有的服装数量应该是超过两套的。另外，在公元6世纪拉文纳保存的一处住所的财产清单中，我们发现房主列出了四套衣服，其中包括他获释的奴隶的两套服装。据此推测，在拜占庭中期，一个中等收入的拜占庭家庭所拥有的服装数量应该是多于公元6世纪所列出的四套的。[8]

在公元1059年欧斯塔修斯·堡拉斯（Eustathius Boilas）的遗嘱清单中列出了八件衣服，另外，遗嘱中还写道："如果发现我的衣服或床上用品，请将其赠给一位神圣的修士。"[9]这也说明欧斯塔修斯·堡拉斯所拥有的衣服不够珍贵，不能单独列在遗嘱中。中世纪埃及妇女的嫁妆清单表明，妇女在结婚时不仅要带着足够的衣物，还要带可供她和丈夫以后一生所使用的家具、亚麻布和衣柜等。[10]公元1137年，一位住在西里西亚的医生抱怨拜占庭女子的嫁妆太过昂贵，具体如下：

> 这个国家（拜占庭帝国）的嫁妆非常昂贵。我的女婿塞缪尔［R（abbi）Samuel］是伦巴第商人（Longobard）摩西（R. Moses）的儿子，我给了他如下物品：324块黄金、一磅银、两磅希腊饰品；一件锦缎长袍、两件丝绸长袍、两件羊毛服装、四件束腰外

衣、两件棉质长袍、十条长短不同的包头巾、金银戒指、一个丝制钱包；一张有华盖的床、毯子；一个装饰有绘画的圆形橱柜，一个铜制的水壶、洗手盆和长柄勺；几名仆人等。共计200第纳尔。[11]

在这份嫁妆清单中，服装和纺织品发挥着不小的作用。拜占庭朝臣们每年都会收到一件或几件衣服作为酬劳，这个数量并不多，但我们可以想象，君士坦丁堡朝臣们衣服的数量应该要多于各行省贵族精英们。虽然在现代人看来，拜占庭人拥有的衣服数量并不多，但在中世纪的历史背景下，拜占庭边境各行省的贵族精英们已拥有了相当数量的服装。

在边境地区教堂的肖像画中，捐赠者都穿着华丽的衣装，特别是在卡帕多西亚和卡斯托里亚地区留存下来大量的衣着华丽的捐赠者肖像画，这也恰好印证了贵族精英阶层的遗嘱清单或嫁妆清单中所记录的服装使用情况。本章将对卡帕多西亚和卡斯托里亚的服装进行研究，并将其作为边境服装的典型案例进行讨论。在这两个地区的服装呈现出区别于帝国宫廷的地方风格，本节通过讨论这两个地区的服装，将帮助我们了解地方时尚如何传播至帝国首都，进而最终流行于整个帝国。卡帕多西亚和卡斯托里亚都位于帝国的主要贸易路线上，它们可以获得来自不同地区的各类纺织品和服装，它们也逐渐成为新的时尚中心，这种来自边境的时尚潮流也蔓延到了帝国首都，最终影响宫廷皇室的传统服装。

学者亚历山大·卡兹丹等通过对君士坦丁堡服装的研究指出，民族服装是从公元12世纪开始流行起来的。[12]然而，早在公元9世纪，帝国边界上就已存在民族风格的服装，直到公元12世纪这种民族风格才开始在宫廷中繁荣起来，如“梵蒂冈手抄本1851”中所显示的那样（图12）。

对于生活在首都的拜占庭人来说，外国服装是截然不同的。尼基塔斯·肖尼亚提斯在描述公元12世纪的拜占庭皇帝安德洛尼科斯·科穆宁努斯时写道：

一件用格鲁吉亚布料缝制的淡紫色开衩服装，长至膝盖处，上半身只覆盖住上臂……[他]没有穿金色的帝国礼服，而是穿着一件长至臀部的深色开衩斗篷，脚上穿着长至膝盖的白色靴子，他将自己伪装成一个辛勤工作的劳动者。[13]

这一描述正好与格鲁吉亚的宫廷服装相一致，如藏于贝塔尼亚教堂（Church of Betania）的约成书于公元1207年以后的《乔尔吉·拉萨》（*Giorgi Lasa*）中所记载的格鲁吉亚服装就与以上描述一致。[14]生活在君士坦丁堡的作家们从来不专门描写其他民族的服装，如包头巾或卡夫坦等这类异域特点鲜明的服装，他们也不会提及服装中的民族元素。在《克莱托罗吉翁记》一文中专门指出里外国服装，“……所有外国人，法尔加内斯人（Pharganes）、哈扎尔人

（Khazars）、阿加伦人（Agarenes）、法国人等……都穿着野蛮人的袍服卡巴丁（kabbadin，即卡夫坦）参加活动。”[15]拜占庭作家总是以贬低和歧视的口吻来描写其他民族的服装，这在当时很常见，如下文：

在罗马方言中，“塞尔维亚人（Serbs）”的意思是奴隶，“塞尔布拉（serbula）”指的是卑贱的鞋子，“泽布里安（tzerboulianoi）”指的是那些穿着破旧廉价鞋子的人。[16]

不同于生活在首都地区的拜占庭人，生活在边境地区的人们认为其他民族的服装与拜占庭服装并没有区别，区别则是由那些生活在首都的并不熟悉民族风格的人们所划分出来的，从19世纪开始，以及接下来的几个世纪里，这些区别便由服装史学家们传播开来。本书通过考察边境地区贵族精英服装中的多民族风格或跨国风格，来对边境各行省人们的社会生活进行细致入微的观察和认识。

那些生活在边境地区的历史学家都认为，在拜占庭帝国领土上的这种多民族文化共存的现象是随处可见的，这一现象在边境地区表现的尤为明显，特别是对于那些不可能融入拜占庭希腊文化的人们来说，比如亚美尼亚人、格鲁吉亚人、保加利亚人等。学者斯佩罗斯·夫里奥尼斯（Speros Vryonis）很好地概括了边境地区的文化特点：“……这里没有彻底的文化同化现象，这里更多表现为一种文化混合现象，如同时使用两种语言，或者通过相互通婚来形成一个较为宽松的宗教环境等。”[17]

服装当然就是斯佩罗斯·夫里奥尼斯所说的“文化混合现象”的具体表现之一。就时尚而言，卡帕多西亚人常常忽略了自己的民族身份，积极地借鉴拜占庭、伊斯兰、格鲁吉亚和亚美尼亚等不同民族的服装元素。卡斯托里亚人也常常借鉴格鲁吉亚人、亚美尼亚人、保加利亚人和诺曼人等的服装元素。生活在卡帕多西亚地区的拜占庭人，也会主动融入周围民族的服装文化中，这些拜占庭人在服装上并没有刻意凸显出自己是“拜占庭人”，这就意味着拜占庭人可以按自己的意愿来随意穿着，他们的服装不会让人联想到他们的特定民族。在边境地区，这种多元文化混合的服装形成一种时尚，也成为地方贵族的服装特点。

这与生活在帝国中心的那些具有强烈民族意识的人们形成了鲜明对比。我们发现生活在边境地区的作家们在提及同样款式的服装时，并不会强调穿着者的民族身份。一个发生在帕普拉哥尼亚的阿姆尼亚（Amneia in Paphlagonia）的约公元9世纪的故事，仁慈的菲拉雷托斯（Philaretos）把家里的最后一头牛送给了别人后，他的妻子十分愤怒，“她扯下自己头上的包头巾，开始撕扯自己的头发，她走到菲拉雷托斯面前，不停地斥责他……”[18]由此可见，包头巾在当时很常见，所以没有必要专门在这里提及它是源自东方的服装。居住在卡帕多西亚的欧斯塔修斯·博伊拉斯将一件紫色的卡夫坦长袍和许多其他物品一起赠给了教堂。[19]卡夫坦在卡帕多西亚很常见，人们并不觉得它是源于格鲁吉亚或亚美尼亚的服装，因此就不会像尼基塔斯·肖尼亚提斯那样，在描述安德洛尼科斯·科穆宁努斯时会专门指出卡夫坦。卡帕多西亚地区所留存的图像都说明包头巾、卡夫坦等的普遍性，但这些服装却被首都人民视为一种异域的民族服装。

19世纪的第一批西欧旅行者记录了巴尔干半岛和中东地区的文化与服装，他们的记录也强化了君士坦丁堡地区历史学家们的民族意识。如艾博特（G.F.Abbott）曾写过关于巴尔干半岛的文章，其中他粗略地描写了他曾遇到的其他民族，如保加利亚人、希腊人、塞尔维亚人和土耳其人等，他对服装的描写也极其刻板，如他在描述多民族混居的佩特里茨（Petritz）地区时指出，这里的妇女不像生活在塞萨洛尼基这种大城市的妇女那样见多识广和高雅时髦，他将佩特里茨的妇女服装比作为“包裹着的木乃伊”，只有当她们摘下面纱时，才能让人心情愉悦。但他却从未描述过大城市居民的服装。[20]考古学家格特鲁德·贝尔（Gertrude Bell）将自己想象的服装样式标榜为民族服装，如在她的《沙漠与播种》（*The Desert and the Sown*）中，她记录了她在叙利亚生活时曾与一对夫妇居住在一起，这名女子戴着阿拉伯人的面纱，还有贝都因人的文身，[21]这里的文身和面纱都被视为属于阿拉伯人和贝都因人。以上这些文本成为西方服装史研究的最早资料来源，他们对当地服装的理解都是模式化的，如戴着面纱的女性、穿着凉鞋的男性等，他们忽略了整体的衣装。第一批研究拜占庭服装的学者们也将拜占庭服装与伊斯兰和斯拉夫的服装区分开来[22]，但实际上，在中世纪的卡帕多西亚和卡斯托里亚，这些民族的服装并没有明显的差异。

边境贵族精英们的服装成为一个独立的章节，这是因为穿着考究的贵族精英阶层，在时尚方面，服装并不是受到拜占庭的影响。同时，由于卡斯托里亚与卡帕多西亚在服装风格上又存在着很多不同，因此本书将分开讨论这两个地区的服装样式。

第一节　卡帕多西亚

由于亚美尼亚和格鲁吉亚地区局势动荡、权力结构更替频繁等混乱局面，在这些地区形成了一个多民族混居、多文化混杂的边境文化特点。卡帕多西亚就是这样一个边界不断变化的、混杂的地区。在拜占庭早期，卡帕多西亚毗邻波斯帝国，后来又与倭马亚哈里发国（Umayyad Caliphate）和亚美尼亚接壤，到了公元9世纪，卡帕多西亚东部与亚美尼亚接壤，东北部与格鲁吉亚接壤[23]，南部与阿拔斯哈里发国（Abbasid Caliphate）接壤，中间仅以幼发拉底河和托罗斯山脉作为缓冲。拜占庭人和阿拔斯王朝的战争横贯了整个拜占庭的中期，期间的亚美尼亚国王和格鲁吉亚国王要么与拜占庭皇帝联合，要么与阿拔斯埃米尔（Abbasid

Emirs）结盟，这就导致了卡帕多西亚边界不断伸缩变化，最后，拜占庭成功阻挡了阿拔斯王朝的西进，并占领了亚美尼亚和格鲁吉亚的大部分地区。公元966年，塔隆（Taron）成为拜占庭帝国的一部分。[24]到了公元11世纪初，拜占庭皇帝巴西尔二世将疆域扩展至黑海以东高加索山脉的伊比利亚（Iberia）地区，公元1021—1022年左右，拜占庭又占领了亚美尼亚的瓦斯普拉坎（Vaspurakan）地区，即今天跨过凡湖的土耳其东部地区，这就大大拓宽了拜占庭帝国的边界。拜占庭将卡帕多西亚和包括凯撒利亚（Caesarea）在内的地区作为交换条件，将其交由亚美尼亚和格鲁吉亚管辖。[25]

在中世纪卡帕多西亚的拜占庭教堂壁画中保存了大量的肖像画，虽然这些肖像画是由讲希腊语的拜占庭人所创作的，但壁画内容却反映出了一个多元文化共存的边疆社会。许多人都注意到了卡帕多西亚文化和艺术的多元性，但对卡帕多西亚壁画中的服装尚未展开深入研究。[26]在卡帕多西亚的拜占庭教堂中，保存了近五十余幅捐赠者的肖像画，其中有34幅展示出了当时世俗的服装样式，这也说明了时尚的存在。应该注意的是，由于卡帕多西亚的肖像画长期暴露在外，加上后来的人为破坏（主要破坏头部），已造成大面积的损毁，部分肖像画残损非常严重。目前大部分的肖像画只残留有局部，但通过观察壁画题记和服装样式也能为我们断定壁画中的人物身份提供一些线索。在本书中，我主要选取了可以辨识出性别和服装的肖像画。

壁画中的男性和女性都穿着卡夫坦长袍，据统计，在26幅男性肖像画中就有12幅出现了卡夫坦，还有一半以上的女性也穿着卡夫坦，这些卡夫坦是套在丘尼克上面的，卡夫坦的前襟是敞开式的，这不同于在拜占庭首都常见的那种贯头长袍黛维特申或丘尼克。公元11世纪的萨利姆·基利斯教堂（Selime Kilise）保存了较为完整的卡夫坦形象（图14），画面描绘了圣母和捐赠者的形象，[27]捐赠者的卡夫坦很宽大，前襟敞开，露出了下面的丘尼克。在其他一些壁画中，卡夫坦从底摆至膝盖位置，以及从胸口到领口位置，都有开衩，中间部分为连体式。例如，在公元11世纪的卡拉巴斯·基利斯教堂中，一名不知名的男子身穿一件卡夫坦，上面布满了图案，卡夫坦的前襟敞开，在领口和胸部的位置形成一个V形开衩［图6（b）］，腹部以下被长袍覆盖。这种样式在公元11世纪的卡瑞克里·基利斯教堂（Carikli Kilise）壁画中的“耶稣进耶路撒冷”场景中表现得更为清楚，画面中的两名男子脱下了他们的卡夫坦，并放在基督面前[28]［图6（g）］，虽然根据图像无法判断出衣服是用搭扣系合，还是直接缝合，但在中心位置明显是闭合的，没有开口。服装术语“卡夫坦”是指部分或全身有开口的、有袖子的长袍，卡夫坦上的开衩使穿着者更容易移动，甚至可以骑马，这也是与丘尼克的主要区别，开衩的卡夫坦与来自首都的贯头长袍丘尼克形成了明显的区别。

在同时期的亚美尼亚和格鲁吉亚的肖像画中，卡夫坦也很常见。例如，公元915—921年由亚美尼亚国王加吉克（Gagik of Vaspurakan）主持营建的阿格塔马尔圣十字教堂（Church of the Holy Cross in Aght'amar）中，国王加吉克作为教堂的捐赠者出现在了教堂正立面的浮雕中，他穿着一件有垂直条纹装饰的卡夫坦，最上面披着一件斗篷。[29]艺术家生动地雕刻出了织物褶皱所具有的柔软垂悬感，在加吉克的膝盖处还能看到卡夫坦的开衩。建于公元964年的加哇克塞提克的乌穆尔多教堂（K'umurdo church in Javaxeti）的外立面中，出现了格鲁吉亚阿布沙泽蒂的国王莱昂三世（Leon Ⅲ of Abxazeti）的浮雕形象，他也身穿一件卡夫坦。[30]学者安东尼·伊斯特蒙德（Antony Eastmond）在研究格鲁吉亚统治者形象的形象时发现，卡夫坦是格鲁吉亚人的权力象征[31]，这可能正是它在这些边境地区普遍流行的原因。卡帕多西亚的肖像画本身表现的就是富足的捐赠者，他们不仅有能力制作肖像画，还有能力建设和维护教堂。此外，壁画中的题记也说明了他们都拥有着高贵的头衔，并掌握着一定的权力。因此，对卡帕多西亚贵族的衣装起决定作用的，应该是来自亚美尼亚和格鲁吉亚王宫的贵族服装，而不是遥远的君士坦丁堡的皇室服装。

在阿拉伯语中，卡夫坦也被称为卡巴（qaba），这一词语可以追溯到前伊斯兰时代的阿拉伯人和波斯萨珊人，卡巴是指由织锦缎制成的有袖长袍，分开的前衣襟可能是用纽扣搭合固定。[32]这类服装上有时会饰有提拉兹刺绣带，在倭马亚哈里发统治时期，饰有提拉兹的长袍成为宫廷的专用服装，称为基拉，即"荣誉长袍"。到了阿拔斯王朝时期，这类长袍也会授予朝臣，以及亚美尼亚人和格鲁吉亚人等外国的贵族们。[33]

同样引人注目的是，在卡帕多西亚的肖像画中，许多服装上都出现了大型的团窠装饰图案，如前面讨论过的萨利姆·基利斯教堂壁画中人物的服装图案（图14）。还有，在卡帕多西亚格雷梅（Göreme）的公元11世纪的圣但以理教堂（church of St. Daniel）教堂壁画中，女捐赠者欧多西亚穿着一件卡夫坦，卡夫坦是用浅棕色的锦缎制成，上面饰有中心为小圆圈的联珠纹，外罩一件有团窠图案的斗篷[34]［图11（b）］，深棕色的斗篷也饰有同样的联珠纹。这类团窠图案在拜占庭织物上很常见，如公元11世纪或12世纪的圣西维亚德（St. Siviard）的圣物箱中的纺织品，上面的图案都是由白色圆点形成的团窠装饰图案，中间饰有格里芬（griffin）的形象，并使用金线刺绣而成，形成闪闪发光的装饰效果。[35]由君士坦丁堡留存下来的拜占庭图像可知，只有尼基弗鲁斯·布林尼乌斯时期的宫廷中，那些追赶时髦的人也会穿这类饰有团窠图案的服装（图3）。但这种织物在卡帕多西亚地区非常普遍，壁画中至少有17名捐赠者的服装中就出现了团窠图案（图6和图11）。

除了卡帕多西亚地区，在格鲁吉亚和亚美尼亚的捐赠者肖像画中，人物服装中也出现了这类团窠图案。例如，在格鲁吉亚奥斯基（Oski）的圣约翰浸信会教堂（Church of St. John the Baptist）的正立面浮雕中，出现了地方治安官达维特三世（Davit Ⅲ，公元1000年）的雕像，他穿着一件饰有联珠鸟纹的斗篷，联珠环间还有玫瑰花结，在他斗篷的下面是一件长款的丘尼克，上面饰有小棕叶团窠图案（图9）。另外，在这座教堂的正立面还出现了亚美尼亚国王巴格拉特（Bagrat'，公元966年）的形象，他也穿着同款的斗篷和长款丘尼克，上面都饰有团窠图案。

包头巾在卡帕多西亚地区的服装中扮演着重要角色。我们在卡帕多西亚的8幅肖像画中都发现了包头巾。这一发现至关重要，因为君士坦丁堡最早在出现包头巾的时间是公元12世纪，在记载宫廷服装的文献中，首次出现关于包头巾的记载是在公元14世纪。[36]最著名的例子是制作于约公元1315—1320年的乔拉修道院的马赛克镶嵌画中，画面中西奥多·梅托奇斯（Theodore Metochites）戴着一个很大的包头巾。[37]然而，早在公元11世纪的卡帕多西亚就出现了包头巾，根据文字记载可知，包头巾在卡帕多西亚出现的时间可能更早，如在公元9世纪的《圣徒菲拉雷托斯传记》中，就有关于包头巾的相关记载。[38]

在本书我所使用的“包头巾”一词，主要是指所有由布包裹而成的帽子，而不是指在帽子的结构上覆盖某种织物，也不是指经过裁剪缝合后的某种帽子。包头巾在伊斯兰世界、拜占庭、亚美尼亚和格鲁吉亚地区都有不同的样式，但在图像中却不能反映出具体样式和包裹细节，因为艺术家们只是简单地描绘出了一些褶皱或织物末端的流苏。

尽管中世纪的包头巾具有宗教和种族的含义，但包头巾还是通过亚美尼亚人传到了卡帕多西亚的富裕阶层，在亚美尼亚的肖像画中贵族们都戴着包头巾。在伊斯兰阿拔斯王朝时期，富裕阶层和朝臣们也对时尚很感兴趣，[39]他们关注服装以及服装所具有的象征性，这种感染力又影响了亚美尼亚的宫廷贵族。在公元9—10世纪，当时亚美尼亚的官员们需要由来自伊斯兰世界的州长奥斯提坎（Ostikan）进行加冕，州长会授予亚美尼亚官员们荣誉长袍基拉和包头巾。需要注意的是，包头巾原本就是亚美尼亚的民族服装。[40]人们通常认为包头巾起源于亚述文明，之后才传播至阿拉伯人和东方的基督徒们。[41]其实，除了伊斯兰世界，包头巾在其他地区是很常见的。拜占庭人也不认为包头巾是伊斯兰世界或亚美尼亚人专有的，包头巾作为一种头饰，在卡帕多西亚的肖像画中代表着一种服装风格和权力地位。

卡帕多西亚最典型的包头巾例子是在格雷梅的卡瑞克里·基利斯教堂中的捐赠者里昂，他穿着一件红褐色的长款袍服，这可能是一件卡夫坦，头戴一顶白色的包头巾，艺术家表现出了包头巾布来回缠绕时所产生的许多褶皱，这些褶皱来回纵横交错［图6（f）］。这顶包头巾的样式也出现在亚美尼亚的建于公元10世纪下半叶的塔西尔（Tasir）的圣玺教堂（Church of the Holy Seal）的正立面浮雕中，国王古尔根（Gurgen，公元975—1008年在位）就佩戴着同样的包头巾，古尔根是国王阿索特三世（Asot Ⅲ）和王后科罗万努斯（Queen Xorovannus）的儿子。[42]在公元10世纪末亚美尼亚的圣格雷戈里教堂（Church of St. Gregory the Illuminator）中出现了阿尼国王加吉克（King Gagik of Ani，公元989—1020年在位）的形象，他也戴着这种包头巾（此图像现已失传）。[43]生活在拜占庭首都地区的艺术家们将包头巾视为伊斯兰服装，如藏于梵蒂冈教廷图书馆的《巴西尔二世帛书》（*Menologium of Basil Ⅱ*）中，手抄画家描绘了前来拜访修行者西蒙（Simeon）的一位伊斯兰形象，伊斯兰戴着与卡帕多西亚的里昂几乎完全一样的包头巾（Vatican City，Biblioteca Apostolica Vaticana，MS Gr.1613，fol.2r）。

在格雷梅的公元11世纪的卡拉巴斯·基利斯教堂中，壁画中的约翰·恩塔玛提科斯（John Entalmatikos）戴着另一种类型的包头巾，[44]他的包头巾上有装饰图案，包头巾的末端还有流苏［图6（a）］。在各大博物馆所收藏的纺织品中也能看到这种带有流苏的包头巾，可见这种包头巾的流行。藏于美国纽约大都会艺术博物馆的两件包头巾产自埃及，属于拜占庭早期，它们可以帮助我们还原出这类包头巾的基本样式，其中一件包头巾很适合直接戴在头上，包头巾的后面有两条尾巴，可以在头上缠绕后绑在后面进行固定。[45]另一件包头巾也一样，只是在尾巴末端有流苏，可以在背面形成装饰，[46]这应该就是约翰·恩塔玛提科斯包头巾的实际佩戴方式，包头巾打结的地方也有流苏装饰。

在卡拉巴斯·基利斯教堂中出现的女性捐赠者形象可以追溯到公元11世纪，图像中的女捐赠者戴着另一种样式的包头巾，即一种白色的方形包头巾，像一条围巾一样缠绕在她脖子的位置［图11（c）］，这与圣彼得堡收藏的一份公元1067年的手抄本插画中的艾琳·加布拉斯的包头巾相似，同样的方形大包头巾［图11（a）］（St. Petersburg，MS 291，fol.3r），在艾琳白色包头巾的对角线位置还能看到一条金色的刺绣镶边。该手抄本来自科洛内亚（Koloneia），艾琳的丈夫西奥多（Theodore）曾是那里的州长。[47]科洛内亚位于卡帕多西亚的北部地区，靠近特拉布宗，并与格鲁吉亚接壤。第三个例子是前面提到的圣但以理教堂中的女性捐赠者欧多西亚［图11（b）］，画面中，她的包头巾要比艾琳的小，上面还有零星的黑色刺绣的几何图案。虽然这三条白色包头巾的尺寸和形状略有不同，但却一致表明这是当时流行的一种女性头饰。

在卡拉巴斯·基利斯教堂的半圆形后殿处的壁画中有迈克尔·斯凯皮德斯的肖像画，他身穿卡帕多西亚式的贯头长袍［图6（c）］，即长款的卡夫坦，上面装饰着蓝色和黄色相间的团窠图案，团窠内饰有鸟纹，卡夫坦的袖子上有刺绣装饰带提拉兹，他在卡夫坦下面还穿了一件长款的丘尼克，他也戴着包头巾。藏于耶路撒冷的圣詹姆斯大教堂的一份公元11世纪福音书的封面上，描绘了喀斯（Kars）国王加吉克（King Gagik）及家人的肖像画，画面中加吉克长袍的袖子上有刺绣装饰带提拉兹，提拉兹标志着当时哈里发所授予的荣誉。[48]（Jerusalem, Cathedral of St. James，MS 2556 fol. 135v）。

从公元8世纪开始，哈里发专门将提拉兹授予具有显赫地位的军事长官和政府官员，这一做法在公元9—11世纪阿拔斯哈里发统治时期更为普遍。[49]制作提拉兹的作坊也非常重要，由专门负责铸造硬币和税收的政府部门经营。[50]通常，提拉兹刺绣带上都会有装饰性的图案和哈里发的名字，有时还会绣一些简短的祈祷文，提拉兹也会被缝在包头巾上，以及披肩或衣服的正面等位置。[51]亚美尼亚通过税收、土地交易和其他朝贡行为与哈里发们保持着密切的联系，所以一位亚美尼亚国王的袖子上有提拉兹也是情理之中的事。亚美尼亚的编年史学家描述了伊斯兰州长奥斯提坎给亚美尼亚国王披上荣誉长袍的场景，亚美尼亚国王的长袍上应该也有提拉兹装饰。例如，在描写瓦斯普拉坎的加吉克（Gagik of Vaspurakan）在公元907—908年接受加冕时，州长奥斯提坎“给他穿上一件长袍，上面有金色的刺绣装饰带，并为他带上了一条腰带，还给了他一把镶金的剑。”[52]提拉兹是公元11世纪商业化生产的结果。[53]人们在公元11世纪中期格鲁吉亚的泽莫·基里西（Zemo-K’rixi）教堂的墙面上的捐赠者们的肖像中，也能看到他们长袍的袖子上都装饰有提拉兹。[54]

提拉兹在卡帕多西亚也很受欢迎，如迈克尔·斯凯皮德斯的上臂也出现了提拉兹［图6（c）］。目前还无法确定迈克尔·斯凯皮德斯的等级是否可以被哈里发授予一件带有提拉兹的荣誉长袍，所以他也有可能穿着一件商业化生产的提拉兹，他想模仿邻国亚美尼亚和格鲁吉亚的贵族们的衣装。

卡夫坦、提拉兹和包头巾等，这些源于格鲁吉亚和亚美尼亚的服装元素也出现在了卡帕多西亚，如迈克尔·斯凯皮德斯的服装就很典型。格鲁吉亚和亚美尼亚的服装也受到了来自邻国伊斯兰世界的影响，除了个别统治者会穿着拜占庭的罗鲁斯或克拉米斯，以作为他们君王地位和权力的象征，大部分人的服装都呈现出截然不同于拜占庭服装的风格。[55]迈克尔·斯凯皮德斯拥有高贵的拜占庭头衔“普掩斯帕塔奥斯”（拜占庭中期宫廷高层贵族的头衔，也给予外国的王子），这充分说明了他是一位相当富有的、有地位的拜占庭贵族，肖像画中他穿着自己最华丽的衣服。需要注意的是，迈克尔·斯凯皮德斯的头衔并没有规定他必须像君士坦丁堡宫廷那样来穿着。

卡帕多西亚教堂壁画中的捐赠者约翰·恩塔玛提科斯，其名字表明了他是一个没有宫廷头衔的工坊业主，他与迈克尔·斯凯皮德斯的身份完全不同，但他却穿着同样款式的服装[56]［图6（a）］。迈克尔·斯凯皮德斯和该地区大多数人一样，选择了时尚的卡夫坦、包头巾和提拉兹，这些服装反映了他们生活在多元文化混合的地区。除了捐赠者的肖像画，在卡帕多西亚教堂中的其他绘画场景也反映了这种独特的边境文化。虽然本书重点研究的是肖像画中的服装，并试图还原出当时实际的穿着状况，但在研究过程中也发现了一些值得进一步探讨的问题，如卡帕多西亚的一些图像与伊斯兰世界的图像惊人相似，例如，建于公元10世纪末或11世纪初的奥塔希萨尔的圣西奥多教堂（church of St. Theodore in Ortahisar）中的“耶稣诞生”场景中，画面中有一位音乐家的形象[57]［图6（e）］，他盘腿而坐，吹着长笛，他被描绘成了当地的人物形象，而不是圣经人物的形象，他戴着白色的包头巾，穿着一件饰有小圆圈和菱形图案的棕色卡夫坦。

位于约旦的古塞尔·阿姆拉（Qusayr Amra）城堡中有绘于公元8世纪下半叶的壁画，壁画中也有一位相似的长笛演奏者的形象。[58]古塞尔·阿姆拉的演奏者也穿着一件饰有小圆圈和菱形图案的衣服，但无法判断是否他也是盘腿而坐。这种装饰有小圆点或小菱形图案的伊斯兰长袍被称为“穆雅妍”（mu’ayyan），意思是“长着眼睛”，这可能正是奥塔希萨尔和古塞尔·阿姆拉中服装图案的真正意思。[59]在卡帕多西亚的格雷梅的萨克利·基利斯教堂（Sakli Kilise）壁画绘于约公元1070年，也出现了相似的乐师形象。[60]在卡帕多西亚的卡拉巴斯·基利斯教堂和卡瑞克里·基利斯教堂壁画中都有“基督进耶路撒冷”的场景［图6（g）］，在这两幅场景中，男子们脱下了短款的卡夫坦后，将其放在基督面前，短款卡夫坦上都饰有圆形图案，这也让我们看到了他们里面所穿的内衣样式，内衣是一件短款的白色丘尼克。在德黑兰的一幅公元10世纪的壁画中有一位骑马训鹰者的形象，他也穿着类似的短款卡夫坦，在胸前的开衩形成一个V字形，腿部也有开衩，[61]在他的卡夫坦上还装饰有圆形内填充花朵的团窠图案，这与卡帕多西亚出现的在圆形内填充叶子或三瓣花的形式相同。这些服装完全不同于圣经中所描述的基督和其他人物的服装，艺术家们大胆地从当地人的服装中寻找依据和灵感。

第二节　卡斯托里亚

卡斯托里亚位于今天的希腊北部，在拜占庭中期曾归属于保加利亚，当公元1018年拜占庭皇帝巴西尔二世夺回色雷斯地区后，拜占庭才再次统治了保加利亚和卡斯托里亚地区，所以卡斯托里亚地区一直存在着鲜明的保加利亚文化。[62]从公元8世纪末开始，卡斯托里亚就有大量的格鲁吉亚人和亚美尼亚人居住。公元790年左右，由于阿拉伯人不断入侵，约有12000名亚美尼亚人不得不逃离家园，转辗定居在了巴尔干半岛，他们主要集中在菲利普波利斯（Philippopolis，当时色雷斯地区的首府）。[63]卡斯托里亚地区以格鲁吉亚人为主，在公元960年左右，伊比利亚的约翰（John the Iberian）与儿子，以及伊比利亚的尤蒂米奥斯（Euthymios the Iberian）等人先后抵达了大拉夫拉（Great Lavra）后，约在公元979—980年，他们在阿索斯圣山建起了一座名为艾温（Iveron）的格鲁吉亚修道院。[64]另外，来自格鲁吉亚的重要家族格雷戈里·帕库里亚努斯（Gregory Pacourianus），他曾在格鲁吉亚宫廷中担任过许多重要官职，公元11世纪下半叶他移居至巴尔干半岛，并在保加利亚的巴克霍沃（Backhovo）建立起了一座修道院，同时还在保加利亚各地建起了几座大庄园。[65]在格雷戈里·帕库里亚努斯的著作中有关于服装和纺织品的记载，文中还提到了这些物品保存在他的修道院的大庄园中，也保存于他兄弟的大庄园中。[66]另外，诺曼人也影响了卡斯托里亚的文化。从公元1082年诺曼人占领了卡斯托里亚和希腊南部的大部分地区。[67]直到公元1093年12月，拜占庭皇帝亚历克西斯一世才从诺曼人手中重新夺回了卡斯托里亚。

虽然卡斯托里亚的政治局势十分动荡，但它的经济却得到了稳定发展，卡斯托里亚是当时巴尔干的贸易中心，人民的生活非常富足。卡斯托里亚的城市规模较小，且位于偏远湖畔的山区中，所以大量的教堂得以留存。教堂壁画中捐赠者的肖像画及题记都说明了当时人们生活的富足，他们和卡帕多西亚人一样，都愿意在教堂的建设和奢华的服装上投入大量的金钱。在卡斯托里亚的两座公元12世纪晚期的教堂，即阿纳吉罗瓦大教堂（Hagia Anargyroi）和卡斯尼泽尼古拉教堂（Hagia Nikolaos tou Kasnitze），在这两个教堂的壁画中出现了五幅捐赠者的肖像画（图15和图16），画面中的人物服装完全不同于首都君士坦丁堡，呈现出一种地方风格。

卡斯托里亚的男装和女装各不相同，但彼此之间又有一些相似元素（稍后讨论）。在该地区的阿纳吉罗瓦大教堂中有约公元12世纪的壁画，壁画中有一家三口的群像，[68]画面中的捐赠者西奥多·勒米尼奥特斯（Theodore Lemniotes）正向圣母展示他的教堂模型，他的妻子安娜·拉丁（Anna Radene）和成年的儿子约翰（John）在向圣母表示恭敬（图15）。捐赠者西奥多·勒米尼奥特斯穿着一件宽大的卡夫坦，并在胸部位置进行固定，袖子上饰有金色和黑色相间的提拉兹装饰带。由于壁画色彩褪色严重，目前仅能判断出卡夫坦是蓝色的，装饰图案为深蓝色，他卡夫坦的下面是一件蓝色的丘尼克。他头戴一顶三色相间的帽子，即棕色、红色和黑色相间，目前无法辨识出帽子的具体样式。他身后的儿子约翰身穿一件长及膝盖的绿色卡夫坦，上面饰有金色刺绣而成的棕榈叶图案。约翰的卡夫坦是用一条有金扣的棕色皮带在腰部固定，袖子长至肘部，袖子上饰有金色和黑色相间的提拉兹，在他的卡夫坦下面是一件浅红色的丘尼克，丘尼克的袖口收紧，在袖口和下摆处有金色和黑色相间的刺绣图案。妻子安娜·拉丁的服装代表了卡斯托里亚的时尚，她穿着一件深紫色的斗篷，斗篷的宽镶边上饰有金色的菱形图案，她抬起手臂的动作正好露出了部分袖子，也显露出赭色的斗篷衬里，衬里上装饰有深棕色的图案，是由叶子和珍珠组成的团窠样式。在她斗篷的下面是一件红色的高领长袍，袖子上有白色镶边装饰，袖口为尖袖，袖尖长至地面。她的珠宝也与众不同，为篮筐形的耳环，她手上戴着至少14枚戒指（有些手指戴两个戒指）。她的头饰似乎是一个白色的包头巾，包头巾的边缘在中间交叉，上面还有一个黑色方块，目前不清楚这是否是后来加上去的，但可以确定，这应该是另一种类型的包头巾。

在该地区的约绘于公元1164—1191年的卡斯尼泽尼古拉教堂壁画中，[69]有两位衣着优雅的捐赠者形象（图16），其中一位捐赠者是尼基弗鲁斯·卡兹尼茨（Nikephoros Kaznitze），他手托教堂模型，头戴一顶棕色的无檐便帽，脚穿棕褐色的靴子，身穿一件长至脚面的蓝色长袍，在长袍底部的开衩上饰有深红色的镶边，这应该不是一件卡夫坦，因为在领口位置没有开衩，在卡帕多西亚出现的卡夫坦领口都有开衩，而这幅画面中的衣服很完整，并从腹部的皮带上垂悬下来。他袖子上的提拉兹饰有金色的菱形图案，这与西奥多·勒米尼奥特斯的提拉兹非常相似。另一位衣着优雅的捐赠者是尼基弗鲁斯·卡兹尼茨的妻子安娜·卡兹尼茨（Anna Kaznitze），她穿着一件深蓝色的锦缎斗篷，上面饰有棕色的菱形图案，右臂饰有金色的提拉兹，斗篷下面是一条深红色的长袍，也有长尖袖，袖口也有白色镶边，几乎与安娜·拉丁的完全一样，这表明了这类长袍的流行。安娜·卡兹尼茨戴着白色的包头巾，在包头巾上有整齐交叉的棕色和黑色相间的刺绣装饰，长长的流苏从她的包头巾后面垂下落在肩膀上，末端也有刺绣装饰。

这些与首都君士坦丁堡截然不同的服装样式究竟源于何处？卡斯托里亚紧邻保加利亚，这里的服装应该会受到保加利亚的影响。然而事实并非如此，因为直到公元13世纪保加利亚才出现类似的肖像画，在时间稍晚的保加利亚肖像画中，才出现了与卡斯托里亚相同的服装样式，例如，公元14世纪的多尔纳·卡梅尼察教堂（church of Dolna Kamenica）壁画中的男子服装就与约翰·勒米尼奥特斯的相同。[70]在中世纪的拜占庭艺术中，偶尔也会出现保加利亚人的形象，例如，藏于威尼斯国家图书馆的《巴西尔二世的诗篇》中，全副武装的巴西尔战胜了保加利亚人，画面中的保加利亚人都在向巴西尔致敬（Venice, Biblioteca Nazionale Marciana, MS Z 17, fol.111 r）（图10）。这些保加利亚人穿着上臂饰有提拉兹的长袍，样式很像西奥多·勒米尼奥特斯的卡夫坦，同时也与尼基弗鲁斯·卡兹尼茨的丘尼克接近。在《巴西尔二世帛书》中还有一幅保加利亚人攻击基督徒的插画，画面中出现了几种截然不同的长袍，如有对襟的短款的卡夫坦，还有饰有圆形图案的短款的丘尼克（Vat. Gr. 1613, fol.345）。虽然这些服装与卡斯托里亚的服装有很多相似之处，但这些插画是来自首都君士坦丁堡的艺术家的作品，他应该没有真正接触过保加利亚人。本书将在第四章中详细讨论《巴西尔二世帛书》中的插画，画面中的服装进行了模式化的处理，不能将其作为准确的服装材料使用，目前还无法确定《巴西尔二世的诗篇》中的保加利亚服装是否要比《巴西尔二世帛书》中的更加准确、真实。

在拜占庭中期的大部分时间里卡斯托里亚都隶属于保加利亚，人们通常也认为卡斯托里亚人就是保加利亚人，因此卡斯托里亚肖像画中的人物服装也就自然被认为是公元12世纪的保加利亚服装，而不是拜占庭服装，这似乎是合乎逻辑的。然而，在观察卡斯托里亚的阿纳吉罗瓦大教堂中西奥多·勒米尼奥特斯与家人的肖像画时，我们还应注意他们的文化背景，西奥多·勒米尼奥特斯并非保加利亚人，他是位希腊贵族，根据教堂内题写的16首12行的诗句可知，他受过良好的希腊文学教育。[71]另外，学者玛依里斯·查兹达克斯（Manolis Chatzidakis）还注意到在该教堂中描绘了两位的圣人，即塞萨洛尼基的圣大卫（St. David）和圣狄奥多拉（St. Theodora），这也体现出了西奥多·勒米尼奥特斯的希腊血统。[72]所以，我们非常有必要去审视当时的文化背景。

需要注意的是，卡斯托里亚的许多服装样式都与卡帕多西亚的相同，尽管它们相距数千千米。例如，两地壁画中人物长袍的袖子上臂位置都有提拉兹装饰带；卡帕多西亚的包头巾也出现在了安娜·卡兹尼茨和安娜·拉丁的肖像中；安娜·拉丁的斗篷内衬上的团窠图案在卡帕多西亚也很常见，等等。另外还有，约翰·勒米尼奥特斯和儿子都穿着卡夫坦，其样式也与卡帕多西亚的萨利姆·基利斯教堂中人物的卡夫坦相同（图14）。根据圣彼得堡公共图书馆所藏的《科洛内手抄本》(*Koloneian Manuscript Leaf*）中的插画可知（St. Petersburg Public Library, MS 291, fol. 2r），尼基弗鲁斯·卡兹尼茨的服装样式与西奥多·加布拉斯的几乎完全相同，从服装到靴子的样式都相同［图6（d）］，也与帝国东部边界地区的服装相似，这些服装元素很可能是源自居住在卡斯托里亚南部和东部地区的亚美尼亚—格鲁吉亚人（Armeno-Georgians）的服装。

事实上，壁画中约翰·勒米尼奥特斯的整套服装都反映了安东尼·伊斯特蒙德所记载的格鲁吉亚宫廷礼服的样式。[73]在麦克斯瓦里西（Macxvarisi）的绘于公元1140年的国王德米特一世（King Demet're Ⅰ，公元1125—1154年在位）的加冕像中，国王穿着一件中长款（身体长度的3/4长）的镶边卡夫坦，腰部系腰带，这与约翰·勒米尼奥特斯的相似。绘于公元1089年后的阿特尼（At'eni）教堂中的格鲁吉亚王子萨姆贝特（Sumbat）的肖像画中，王子身穿一件上臂有提拉兹的丘尼克，头戴一顶小巧贴合的帽子，这都与基弗鲁斯·卡兹尼茨的服装一致。[74]由此我们推知，卡斯托里亚的阿纳吉罗瓦大教堂中的捐赠者西奥多·勒米尼奥特斯的帽子也应该是这一样式。包头巾常被视为"伊比利亚人"（即格鲁吉亚人）的标志，这说明是他们将包头巾带入了色雷斯地区。塞萨洛尼基的主教尤斯塔蒂奥斯引用了早期批评拜占庭皇帝戴维·科穆宁努斯穿着外来样式服装的言辞，并表现出对包头巾的歧视：

> 他以伊比利亚人的方式用一块奇怪的红色布盖住了头部，这是野蛮人的习俗，盖住头部的红布上有许多褶皱，前面很大，足以保护面部免受阳光的照射。他并没有表现出尚武的态度，而是为了躲避阳光，以一种柔弱的姿态出现。[75]

与卡帕多西亚一样，亚美尼亚—格鲁吉亚人的服装在卡斯托里亚的贵族精英阶层中也占有一席之地。但目前还不清楚提拉兹、包头巾和卡夫坦等是否是财富和品位的象征，它们是否也改变了希腊北部地区服装的传统规范。来自亚美尼亚和格鲁吉亚的移民们影响了卡斯托里亚的服装风格，他们在这一地区并没有获得任何统治实权，但是他们在自己母国的宫廷中都拥有贵族头衔或高级官职，他们的到来为卡斯托里亚带来了巨大的财富，这也使他们的服装受到了卡斯托里亚人的欢迎。

显然，男士服装中的提拉兹和包头巾都是亚美尼亚—格鲁吉亚风格，但女士的长袍却并不一定。与卡帕多西亚相比，卡斯托里亚存在更多的时尚选择，这里的女装体现出了多种风格混合的现象。目前，还没有专门讨论穿着长袍的女性图像。在卡斯托里亚的两个比较典型的图像中，两位女性长袍的袖子为尖头长袖，另外，安娜·拉丁还穿着高领服装，这都表明她们的长袍应是一件长裙，而不是丘尼克。公元11世纪的诺曼妇女们开始穿长裙，袖子的上部合体，但在肘部变得很宽，宽大的袖口几乎垂到地面。[76]到了公元12世纪，袖子在西欧女性的时尚中占据主导地位。藏于梵蒂冈教廷图书馆的《圣徒托斯卡纳的玛蒂尔达传记》（*Matilda of Tuscany*）约成书于公元1114年，文中也提到了这类袖子（Vatican City, Biblioteca Apostolica Vaticana, MS Lat.4922, fol.7v）。我们已在第一章指出，约公元12世纪法兰克女王克洛蒂尔德的雕塑上就有类似袖子的长裙。这的确是西方时尚的袖子样式，以至于到了公元12世纪中期，女性还专门将袖口打结，以避免垂悬到地面后弄脏。[77]卡斯托里亚的女性肖像画表现出了这种来自西方的时尚，其与男性肖像画不同。但在卡帕多西亚，女人和男人都穿着同样款式的卡夫坦、包头巾和斗篷，而且图案也几乎完全相同，正如第一章所讨论的，首都的女性也穿与男性相同的克拉米斯，皇后会穿与皇帝相对应的礼服。然而，西方的情况并非如此，西方男子的服装更加多样化，男装和女装中的性别差异也很鲜明。[78]卡斯托里亚就是如此，这里的女性都穿着剪裁考究的漂亮服装，完全区别于她们的丈夫，也完全区别于拜占庭人。

在拜占庭中期，西方对拜占庭服装的影响较小，对拜占庭服装的主要影响来自东部的纺织品和伊斯兰的纺织业。在一块公元982年的象牙浮雕板中，德国皇帝奥托二世穿着拜占庭式的礼服，正与他的拜占庭妻子一起接受基督的祝福。诺曼西西里国王（Kings of Norman Sicily）的华丽服装也是模仿拜占庭皇帝礼服的结果。中世纪的西方没有丝绸制造业，直到公元12世纪中期，西西里岛的罗杰二世在他的王国建立了第一个丝绸作坊，罗杰二世还专门雇佣了来自伊斯兰和拜占庭的熟练工人，直到西方人完全掌握丝绸织造和作坊运作。因此，在罗杰二世时代之前，大多数西欧人都穿着羊毛质地的服装，[79]这在拜占庭帝国并不常见，拜占庭帝国流行的是丝绸服装。在查理曼大帝（Charlemagne，公元768—814年在位）的宫廷中，妇女们都会穿拜占庭的丝绸服装，尽管查理曼大帝不鼓励这种做法。[80]查理曼大帝也不能让丝绸远离僧侣，因为当时的僧侣们常常把进口丝绸缝在自己的衣服上。[81]

定居在卡斯托里亚的诺曼人为这一地区带来了新时尚，并受到女性们的欢迎。特别是当诺曼人掌握了丝绸织造技术后，能够制作出更加华丽的服装，随着诺曼人纺织业的不断进步，他们对卡斯托里亚的服装和时尚的影响也不断增强。

在公元11世纪拜占庭首都君士坦丁堡的两份手抄本——“科斯林手抄本79”和“梵蒂冈手抄本752”（Coislin 79，fol.1v和Vat.Gr.752，fol.449v）中，都出现了尖袖长裙的形象。在公元12世纪的圣索菲亚大教堂的皇后艾琳的肖像画，以及“梵蒂冈手抄本1851”（fols. 3v, 6v, and 7v）的插画中，也都出现尖袖长裙的形象（图5和图12）。另外，在手抄本中表现“米里亚姆之舞”（Dance of Miriam）的场景中，描绘了一个跳舞的女子，这并不属于肖像画，有人认为这幅画中的服装代表了当时的宫廷服装，[82]但没有足够的证据支持这一观点。在“科斯林手抄本79”和“梵蒂冈手抄本1851”中，都有描绘嫁到拜占庭宫廷的西方皇后的形象，其中“梵蒂冈手抄本1851”可能是受西方人委托绘制的，这也说明这种袖子起源于西方。直到拜占庭晚期，这种袖子才开始在君士坦丁堡变得流行起来。公元12世纪圣索菲亚大教堂的皇后艾琳肖像是第一幅在拜占庭首都出现的贵族女性穿长裙的图像。到了拜占庭晚期，大部分皇后也开始穿类似的长裙，如藏于巴黎卢浮宫博物馆的《酒神狄奥尼修斯》（*Dionysios the Areopagite*）中，描绘了皇后海伦娜（Helena）与曼努埃尔二世，以及他们孩子的形象（Paris, Musée du Louvre, MR 416, fol. 2r），皇后海伦娜就穿着类似的长裙。还有，在圣阿索斯山的狄奥尼修斯修道院（Dionysiou Monastery）绘于1374年的壁画中，出现了阿西斯三世（Alexios Ⅲ）妻子的形象，画面中阿西斯三世的妻子也穿着这类长裙。到了拜占庭晚期，君士坦丁堡的贵族精英们也开始穿有这种独特袖子的长裙，如藏于牛津大学博德利图书馆的《林肯礼仪书》（Lincoln Typikon）的插画中，五位女性的服装就是如此（Oxford, Bodleian Library, MS Gr.35 fol.8r）。[83]卡斯托里亚位于拜占庭帝国的边界，这里有来自亚美尼亚、格鲁吉亚、诺曼和保加利亚的不同文化，这里也为各种文化的混合和交融提供了温床，这种多种文化交融的现象在文化较为单一的希腊地区是不可能发生的，在希腊本土地区，其他民族的服装会被视为不受欢迎“民族”的标志。

第三节　边境地区的纺织业

卡斯托里亚和卡帕多西亚地区出现的多元化服装的现象，是由于它们都处于帝国边境，在那里聚集着来自不同地域、不同民族的人口，成为不同服装风格出现的重要来源，并影响了当地贵族的服装风格。除此之外，卡斯托里亚和卡帕多西亚都靠近主要的纺织贸易路线，自然也成了时尚风格的展示场地，例如，著名的“圣德米特里贸易展”（Fair of St. Demetrios）每年就在塞萨洛尼基举行，该贸易展时长一周，所有纺织业的从业人员都会前来参加这一盛会。约公元1110年的《蒂马里翁》（*Timarion*）中有关于该贸易展的相关描述，“男装和女装的各种面料和纱线”。来自欧洲各地的商人们大大超出了拜占庭帝国的边界。公元894年，保加利亚的西蒙（Symeon）和拜占庭的利奥六世之间爆发战争，由于战争的影响，当时的重要贸易中心由君士坦丁堡转移到了塞萨洛尼基，位于巴尔干的塞萨洛尼基获得了巨大发展。[84]之后，随着和平时期的到来，位于保加利亚和拜占庭边境的几个城镇都先后发展成为新的贸易中转站。[85]

对于安纳托利亚（Anatolia）地区来讲，卡帕多西亚是极为重要的，因为卡帕多西亚位于从远东进入欧洲的丝绸之路上，这条古丝绸之路可以追溯到赫梯时期，至今卡帕多西亚仍是非常活跃的纺织中心和商业中心。拜占庭人不断对古丝绸之路进行扩建，并形成了一个庞大的商队驿站网络，后来塞尔柱人又在此基础上持续扩建，卡帕多西亚的两座城市凯塞里（Kayseri）和内夫塞希尔（Nevsehir）都先后成为丝绸之路上的重要驿站，丝绸之路的南线会经过安纳托利亚的南部后进入卡帕多西亚，[86]丝绸之路的北线会沿着黑海穿过安纳托利亚的北部后也进入卡帕多西亚。这样，南部和北部的线路会汇集到卡帕多西亚后被连接起来。

服装和面料并不一定都要从商人那里购买的，在家里也可以进行制作。在卡帕多西亚的一个居民区发现了可以放置5～6台织布机的插槽（Slots），这个居民区以前应该是个织布作坊，也就是“塞利姆”（selime）。[87]在这里，一个室内的地板上有两个挖出来的座位，正好可以容纳一个人坐在地上，同时腿上刚好放下一架织布机。图像资料也证明了当时的妇女是坐在地上进行编织的，如藏于巴黎法国国家图书馆的手抄本《工作》（*Job*）一书中（Paris, Bibliothèque national de France, MS Cr.134，fol.184v，r），描绘了一台坑式织机（pit loom），可以制作服装、小型壁挂和其他家具织品等。当时的大型织机主要用于制作大型的壁挂，上面都有复杂的装饰图案。[88]也许卡帕多西亚的萨利姆·基利斯教堂壁画中捐赠者的卡夫坦就是在家里织造的，在制作和设计服装时，捐赠者可能参考了当地的服装样式，而不是去模仿遥远的首都君士坦丁堡的服装风格。

小结

拜占庭边境地区的服装是非常时尚的，人们并不是基于传统规范来选择自己的服装，而是基于欲望，边境地区的服装反映出多文化、多民族融合的现象，无论是来自格鲁吉亚或亚美尼亚的王子，还是伊斯兰的埃米尔（Emirs），又或是诺曼的统治者，他们的服装都成为当地积极效仿的对象。在当地贵族的肖像画中就反映出了这种多样化的服装风格，这些地区的贵族和富人都有能力从贸易展中购买各种奢华的纺织品和服装，抑或从商人那里购买来自遥远地区的服装。当然，有时他们也会自己织造和制作服装。

在边境行省出现的时尚风格也开始出现在首都君士坦丁堡，特别是包头巾和西式长裙。有时一些来自其他地区的时髦款式会滞后一段时间才能传入边境地区，这在一定程度上是由于中世纪的发展较为缓慢。另外，不同地区对时髦款式的接受程度也不尽相同，如在君士坦丁堡包头巾会被视为外来民族的标志，也会被视为与伊斯兰宗教相关的一种宗教服装，传统的希腊服装才被认为是最高级的和最受欢迎的。如公元10世纪发生在君士坦丁堡城门口的事件就说明了这一点，当克雷莫纳的柳特布兰德要带着丝绸离开君士坦丁堡时，他被城门口的警卫拦住了，警卫说："既然你买了斗篷……我们现在需要记录，这些丝绸需用铅印作记号后才能归你所有；丝绸是我们罗马人专用的，禁止外邦人使用……"[89]但是拜占庭各行省的贵族们并不认为非罗马样式的服装是受歧视的，他们反而将其视为边境地区的地方特色。

在拜占庭时尚体系中，边境地区发挥着重要作用，因为边境地区是多文化、多民族共存的地区，在这里汇集了多样的时尚风格，卡斯托里亚和卡帕多西亚都是引进时尚和创造时尚的重要区域，而君士坦丁堡并不是真正的时尚中心。学者们通常主要关注拜占庭帝国的丝绸作坊，而忽略了作坊中产品的去向和主要用途。事实上，皇家丝绸作坊主要生产的并不是服装，而是有着明确铭文的旗帜。[90]在卡帕多西亚和卡斯托里亚发现的服装表明，这些服装都是在帝国境外或边境地区织造的，之后才被带到首都君士坦丁堡，显然，一些时尚元素也首先出现在帝国的边境地区。本文第五章将通过讨论高加索莫斯切瓦贾·巴勒卡墓地出土的服装实物来证明这一观点，该墓地出土的服装都是从中亚运往君士坦丁堡的，像卡帕多西亚这样重要的商队驿站，也是进出口商品的重要集散地。

像包头巾这类的服装都与亚美尼亚人、格鲁吉亚人和诺曼人等上层的统治阶层和贵族精英们密切关联，这就使这类服装享有盛誉、备受欢迎，也激发了民众对这类服装的渴望，推动了包头巾、长裙等不同于拜占庭传统服装的流行，拜占庭帝国边境的贵族精英的肖像画就体现了当时的时尚形象。

第四章

非精英阶层的服装

人们对拜占庭非精英阶层的服装了解非常少，非精英阶层也就是拜占庭的普通民众，包括劳动阶层和穷人，因为没有他们肖像画的遗存，也没有关于他们服装的文字记录。今天各大博物馆所藏的拜占庭纺织品遗存的数量本身就极其有限，无法反映出非精英阶层的衣装情况。然而，这些普通的农民、士兵、乞丐、渔民等形象却出现在了手抄本的插画中，并被敷上了色彩，他们通常作为重要人物的背景出现，如在叛乱场景、游行队伍以及其他重要历史场景中，都会出现普通民众的形象，在一些陶器上，有时也会用普通人的形象作为装饰。拜占庭文本中偶尔也会有描述穷人的记录，但主要是为了突出某位皇帝或圣人的仁慈美德。在描写拜占庭皇帝英勇行为的故事中，我们可以看到有关步兵盔甲的简单描述。通过插画中的背景图像和这些只言片语的文本信息，可以了解非精英阶层服装的大致情况，这也使我们能够窥见拜占庭社会中劳动阶层和穷人的生活状况和社会地位。

本书的主要研究方法是结合文字记载来分析肖像画，但在本章中必须放弃这一方法，因为没有关于拜占庭非精英阶层的肖像画和文本。因此，要了解非精英阶层的服装情况，必须使用不同的方法。非精英阶层的图像主要保存在手抄本插画中，而手抄本又给我们的研究带来了三个问题：第一，图像可能是艺术家自我想象的产物；第二，画面所表现的丰富的普通民众形象，其预设观者是那些委托制作和阅读这些手抄本的富人和贵族们；第三，艺术家可能参考了流传的模板或经典插图来完成绘制，这些参考资料可能来自不同时代，即艺术家可能使用了来自不同时期的人物形象和服装样式来完成插画的绘制。在拜占庭中期的艺术中，几乎所有的绘画作品都是为精英阶层服务的，手抄本也是如此，也都要求观者有较高的文化修养；另外，手抄本的制作成本高昂，无法进行大规模的制作，因此也不可能得到广泛的普及。

在教堂壁画和马赛克镶嵌画中也有描绘非精英阶层的形象，较为典型的是卡帕多西亚的教堂壁画中的普通民众形象，然而，通常教堂壁画和马赛克镶嵌画表现的都是圣经内容，而不是世俗图像，如阿索斯圣山的依维隆修道院（Iveron Monastery）教堂壁画中的圣徒像巴拉姆和乔斯福（Barlaam and Joasaph）（Mount Athos, Iveron Monastery, MS 463）等。一般来讲，教堂壁画中的非精英阶层，也就是普通民众和穷人的衣装应该也出自圣经故事，并不是世俗服装，所以，我们常常会看到壁画中的普通民众穿着罗马式的服装，如罗马长袍托加等。

同样，文本记载也为我们研究非精英阶层的服装带来了一些问题。通常，文本中的普通民众也是服务于主要人物的，如描述乞丐是为了体现圣人的仁慈、描述敌人的盔甲是为了凸显皇帝的英勇，这样的文本不能用来证实或证伪绘画中服装的真实性。

但是，如果不尝试着去整理和分析非精英阶层的服装，那么我们就无法了解公元8—12世纪拜占庭普通民众世俗服装的基本形态。因此，本章的研究重点不是具体分析图像中的服装样式，而是分析普通服装的象征性，即什么样的服装分别对应着农民、牧羊人、猎人等。从手抄本插画中的背景人物，到教堂壁画中的局部情节，我们可以大致整理出非精英阶层服装的基本形态。基于此，本章将会分析在拜占庭非精英阶层中不同群体的服装特征，就像宫廷服装那样，不同群体的服装也可以直接传达出穿着者的职业、性别、年龄等信息。艺术家所表现的是符号学意义上的服装体系，与宫廷服装一样，时尚也融入了非精英阶层的服装中。

拜占庭艺术家很大程度上是从职业的角度来区分群体阶层的，比如农民、猎人、士兵等都属于中下阶层。另外，本书也会讨论一些不受职业限定的群体，如妇女、儿童和穷人等，因为拜占庭艺术家也使用了服装来表现这些群体。本章挑选了在拜占庭中期的插画和壁画中的非精英阶层的形象，数量较少，那些复制早期作品的图像不在本书的讨论范围，本章主要讨论手抄本中的16幅插画和部分教堂中的壁画。

在这16幅插画和部分教堂壁画中的人物呈现出了标准化的模式，这可以让我们了解艺术家是如何使用标准图像来完成人物创作的，并可窥见拜占庭普通民众的一般生活。在这些标准形象中，还存在着一些独特的人物形象，他们的服装属于非精英阶层，却又与普通民众规定性的服装存在差别，通过对这些形象的整理，还会呈现出在规定性服装之外其他服装的使用情况。另外，在一些圣徒传记中，出现了不同于常见的描述穷人和工人服装的词汇，这些词汇与通用的规范性描述也存在差别。本章旨在梳理绘画作品中的那些固定的、模式化的人物形象，特别是手抄本插画中的人物形象，探讨人物形象在整幅画面中的意义和目的。同时，还将考察那些偏离常规的人物形象，以期较为全面地勾勒出普通民众的服装形态。

在展开研究之前，很有必要先界定一下“非精英阶层”一词。“非精英”是一个笼统的术语，它与精英阶层，即皇室成员、朝臣和贵族相区别。拜占庭术语中的精英是“dynatoi”，意为强大的，主要指富有的地主和担任公职的贵族。本书并不讨论中世纪拜占庭贵族的确切定义，而是要说明贵族可以不受经济条件的限制来获得他们想要的服装，他们在绘画中会被单独呈现出来，如肖像画，而这成为我们研究服装的重要资料。相比之下，非精英阶层则是一个更加庞大的群体，包括商贩老板、有薪水的低级军人以及无家可归的人士等。在现代意义上，非精英阶层也包括穷人、下层阶级和中产阶级。在拜占庭术语中，非精英阶层包括奴隶、家庭仆人、农民和中产阶级。绘画中所表现的非精英阶层远远没有达到精英阶层的精细水平，非精英阶层也从来不会作为个体肖像画单独出现。虽然一些非精英阶层也有经济实力购买衣服，但他们所能购买的衣服或纺织品是受到严格限制的。非精英阶层根据社会地位和行业类型可以被分为几类，比如绘画中穷人的形象就与劳动者和士兵的形象不同，乡村居民的形象也与城市居民不同。本章还将讨论妇女和儿童的服装，虽然有描绘精英阶层妇女和儿童的图像（如皇室服装和第三章讨论的部分肖像画），但大多数图像中的妇女和儿童都属于非精英阶层。在拜占庭中期的绘画中，男性肖像有47幅，而女性肖像只有22幅，女性只有男性的一半。现存唯一的拜占庭中期的儿童肖像画出现在塞萨洛尼基的圣德米特里教堂的（Church of St. Demetrios）马赛克镶嵌画中。在拜占庭绘画中，妇女和儿童的图像也体现出他们服装的标准化，这与其他非精英阶层一致。

第一节　文献中关于穷人的描写

在图像和文本中出现的穷人形象也许是最标准的非精英阶层，穷人也是本次研究的出发点。出现在圣徒传记中的穷人的服装更能代表普通劳动人民的服装，在许多圣徒传记中都会描绘一位穷人，以凸显圣人的慷慨慈善。例如，在对莱斯博斯岛的圣徒托马斯（Thomais of Lesbos）的记载中有："人们可以看到她每天都帮助穷人，如给赤身露体的人穿上衣服，给衣衫褴褛的人带来华丽的衣服。"[1]虽然关于衣服本身的信息很少，但穷人缺乏服装显然是一个普遍的社会现象，在拜占庭中期的数十种资料中都有关于给穷人捐赠衣物的记载，作家笔下的这些穷人不仅穿着破烂的衣服，而且常常赤身裸体，甚至连基本保暖的衣物都没有。在历史文献中也有相关记载，我们发现皇后和皇帝都给穷人捐赠衣服，如皇后艾琳·杜卡伊娜（Irene Doukaina，公元1081—1118年）是拜占庭皇帝亚历克西斯一世的妻子，"她……慷慨地将山羊毛制成的斗篷施舍给赤身裸体的乞丐们"。[2]

几乎所有的圣人和部分皇室成员都会致力于为穷人们捐赠服装，而女性圣徒不仅能提供服装，还能制作服装，这是很常见的。如莱斯博斯岛的圣徒托马斯就会"为穷人劳作，为赤身裸体的人编织外衣"。[3]公元9世纪塞萨洛尼基的圣狄奥多拉，她将自己所有的精力都用来制作服装，"当她不能做衣服时，她就把双手放在纺锤上，准备用废弃的亚麻纤维纺出厚实的纱线，准备用扔进粪堆里的无用羊毛来制成袋子"。[4]相比之下，男人们则会把衣服脱下来，如尼基塔斯·肖尼亚提斯描述了一位来自艾伊纳岛（Aigina）的执事官科斯马斯（Kosmas）的慈善行为：

> 他热切地希望能表现出怜悯之情，所以，他把自己的斗篷给了穷人，有时他还会脱下他的丘尼克，摘下他的亚麻布头饰，他还在自己的住处来为穷人们募捐。[5]

纺纱和编织对于任何阶层的女性来说都是比较容易掌握的手工技巧，但男性却很少参与这项工作，所以我们不应该对男性和女性的不同募捐方式感到惊讶。[6]

在描写圣徒传记的文本中，有大量对衣衫褴褛的穷人的描写，甚至是穷到只能裸体，与服装密切相关的慈善行为也表明了这种社会现象的普遍存在。根据目前的材料可知，聚集在城市的无家可归的穷人常常是衣衫褴褛的形象，穷人每年只能得到一件新衣服。[7]然而，这些穷人并不真正等于历史文献或圣徒传记中所说的那种极端贫困的人。

第二节　穷人的形象

图像中穷人的衣服和鞋子的样式并不是拜占庭文献中所记录的样子。拜占庭手抄本《格雷戈里·纳齐安祖斯的布道书》存在好几个版本，文本中有关于穷人的记录，也有一些相对应的插画，在该手抄本中存在三种类型的插画，即全套45幅的布道图集、16幅简略的布道仪式图，还有对布道的评述。[8]本次研究只使用了部分插画。这是中世纪艺术们专为布道而创作的图画，根据乔治·加拉瓦里斯（George Galavaris）的说法，这类绘画的原型可以追溯到公元10世纪，是根据格雷戈里（Gregory）的文本绘制而成的，而不是基于福音书或教会服务书等文本。[9]

在《格雷戈里·纳齐安祖斯的布道书》中，格雷戈里将穷人描述为“悲惨且可怕的……他们是活着的死人”。[10]在巴黎法国国家图书馆和耶路撒冷希腊牧首图书馆中，有6幅描绘的是格雷戈里向穷人施舍的场景[11]（Paris, Bibliothèque national de France, MS Gr. 550, fol. 51r and Jerusalem, Greek Patriarchal Library, MS Taphou 14, fol. 265r）。在插画中，我们发现有两名正在乞讨的男子没有穿鞋，他们衣衫单薄，从肩膀上盖下来的布盖不住他们赤裸的身体。这两名乞丐站在一群身穿丘尼克的穷人中间，穷人们的腿上有紧身裤，脚穿鞋子或靴子（图17）。在另一版本的《格雷戈里·纳齐安祖斯的布道书》中，多数画面都表现了衣着较好的穷人形象，例如藏于西奈山圣凯瑟琳修道院的手抄本中的穷人形象（Mt. Sinai, Monastery of St. Catherine, MS Gr. 339, fol. 341v），穷人穿着或短或长的丘尼克，甚至还出现了穿着结实靴子的穷人形象，用格雷戈里的话来说：其中两个“可怜”的男人，穿着有条纹装饰的紧身裤。在这些插画中，几个男人拿着拐杖表明他们的身体有残疾，而弯腰的姿势则表明他们的地位低下且贫困，还有一个盲人摸索着走到了格雷戈里的身旁。然而，这些图像中的衣装并没有明确表明他们是穷人，他们的衣服上都有简单的装饰图案。

在其他手抄本中的插画也采用了同样的手法来表现穷人，如藏于阿索斯圣山埃斯菲格梅努修道院（Esphigmenou Monastery）的公元11世纪的《埃斯菲格梅努的教会服务书》（Esphigmenou Menologium）中，描绘了牧羊人演奏乐器的田园场景，画面中的牧羊人光着腿，穿着色彩鲜艳的未经装饰的丘尼克[12]（Mount Athos, Esphigmenou Monastery, MS 14, fol. 386r）。藏于佛罗伦萨劳伦森图书馆（Laurentian Library）的一本福音书中描绘了《马太福音》（Matt. 14–19）中的一个场景：基督刚刚治愈了一群人，站在基督旁观看的穷人十分显眼，他们头发蓬乱，身上的丘尼克相当单薄（Florence, Biblioteca Medicea Laurenziana, Gospel Book, fol. 15v）。[13]

当然，描绘穷人是为了强调圣人崇高的美德，也必须在这种背景下来理解画面：穷人越可怜，帮助他的圣人就越仁慈，我们当然不会认为插画中衣着整齐的穷人是真实的形象。在某种程度上，插画中的人物形象是为了整体画面的美观而专门设计的结果，无论是插画的作者还是赞助者，他们都希望通过色彩缤纷的服装来吸引观者的目光，即便是穷人的服装也要成为画面的装饰元素，手抄本中的文字具有教学目的，而插画则成为具有一定美学价值的艺术品。插画中穷人服装的各个元素，如短款的丘尼克、拐杖等都成为贫穷的象征，拜占庭艺术家在传达贫困的同时也保持了画面的丰富性。人们普遍认为，插画艺术家使用了某些模板书籍或范式插图来完成绘制，而这些书籍和插图并不一定出自同一时代，艺术家通过复制和模仿，使得范本中所“库存”的人物形象得以延续，使用不同服装来表现不同类型的人物形象，如水手、艺人、农民等都穿着不同样式的服装。

劳动者

拜占庭艺术中最常描绘的劳动者是农夫、牧羊人和渔民，有时也有建筑工人。在绘画中主要通过劳动工具和丘尼克（丘尼克成为劳动阶级的代表性服装）来表现人物的职业。在巴黎法国国家图书馆收藏的《格雷戈里·纳齐安祖斯的布道书》中，在描绘田园场景的页边，出现了许多劳动者的形象，有吹笛子的牧羊人、撒网的渔夫、设置陷阱的捕鸟者、正在照料葡萄藤的葡萄酒商等，所有这些人都穿着短款的单色丘尼克，脚穿凉鞋，凉鞋的绑带都系在小腿上[14]（Paris, Bibliothèque national de France, MS Gr. 533, fol. 34）。这些场景并不是在描绘布道场景，只是为了说明文本中的某个词汇。根据学者加拉瓦里斯的研究，这些人物和之前所说的穷人形象，在拜占庭手抄本中都找不到原型，[15]这类图像可能是中世纪艺术家的新发明。然而，我们发现，在拜占庭早期就有牧羊人穿着单肩短款丘尼克的形象，也有农民将丘尼克塞进腰带里的形象，这些丘尼克成为识别人物身份的重要标志，如早期的一个例子，即在公元6世纪的一幅表现基督的象牙雕刻版上有三个人物：圣彼得、圣保罗以及二者之间的一个人物形象，他们正在收割小麦，都穿着相同的单肩短款的丘尼克，并将衣服向两侧拉到腰带内。[16]从拜占庭早期到中期，劳动阶级的服装很可能是不发生任何变化的，而手抄本多是从早期的模型中复制而来，因此这些形象可能是存在原型的。

一些手抄本中的短款丘尼克看起来很现代，例如藏于巴黎法国国家图书馆的公元11世纪中期的一本福音书（Paris, Bibliothèque national de France, MS Cr. 74, fol. 39v）中，描绘了“葡萄园寓言”（Parable of the Vineyard）的场景：正在种葡萄的男子穿着一件短款的丘尼克，在丘尼克的下摆、袖口和衣领上都装饰有金色的刺绣图案。像这样的图像虽然仍是规范化和标准化的结果，但却展示了中世纪所流行的刺绣装饰，可以推测，这幅画面要么是来自拜占庭中期的原型，要么是艺术家的大胆创作。这里的服装既是劳动阶级的代表，也是插画的装饰元素。

然而，并非所有劳动阶级的形象都是对早期作品的复制，这些奢华的服装与劳动者的实际身份相差甚远。在卡帕多西亚的教堂壁画的圣经场景中，出现了很多劳动者的形象，这些劳动者穿着当时常见的服装。与拜占庭中期的教堂壁画相比，卡帕多西亚的壁画很特殊，这些教堂既描绘了穿着圣经服装的大人物，也出现了完全不穿圣经服装的普通劳动者。[17]在卡帕多西亚的两座教堂中有表现“逃往埃及”的场景，画面中的约瑟夫完全不同于玛丽亚和圣婴，因为他穿的不是拜占庭式的圣经服装，而是当地劳动阶级的服装。在格雷梅的圣芭芭拉教堂（Church of Saint Barbara）中也有一幅绘于公元10世纪末的约瑟夫的形象，他身穿一件短款的丘尼克，棕色的丘尼克上饰有黄色圆形图案，领口呈V形，在衣领和下摆的位置饰有黑色沿边。[18]在本书第三章曾讨论过的奥塔希萨尔的圣西奥多教堂内也出现了约瑟夫的形象，画面中，他牵着玛丽亚骑的驴子，穿着一件短款丘尼克，棕色的丘尼克上装饰着白色圆圈图案，领口呈V形，腹部用带子系着（图18），在丘尼克下面是一条白色的紧身裤，裤子上饰有蓝色和灰色交织的菱形图案，脚上穿着黑色的靴子。在这里，艺术家在描绘次要人物时，也就是描绘次于基督和圣母的世俗人物时，也许会有更多的艺术许可和发挥空间。上面这些约瑟夫的形象可能是卡帕多西亚人的肖像，甚至可能是艺术家本人的形象，目前我们很难考证清楚，但至少说明，这些人物形象的原型应是卡帕多西亚地区的普通劳动者，壁画中的服装就是最好的证明。

从艺术风格和图案形式来看，卡帕多西亚教堂壁画中的人物服装明显是拜占庭中期的产物，如在奥塔希萨尔教堂中，约瑟夫胸前佩戴的围巾就流行于拜占庭中期，在之前的图像中还未出现过。[19] 奥塔希萨尔教堂中的服装图案也与遗存的纺织品相对应，如约瑟夫丘尼克上的圆形或菱形的图案，与英国伦敦维多利亚和阿尔伯特博物馆（Victoria and Albert Museum）所收藏的棕色与白色相间的拜占庭丝织物十分相似。[20] 目前还很难推测出对于一个普通劳动者来说，他是否能够负担得起如此华丽的服装，但我们看到，在卡帕多西亚的艺术家笔下，这些服装起到了美化和装饰场景的作用，同时也成为辨识人物阶级的重要标志。

猎人

猎人是劳动阶级中的另一个群体，与以上所讨论的劳动者的服装不同，他们经常穿着毛皮。狩猎一直是上层阶级的一种休闲娱乐活动，许多有关狩猎的图像和文学作品也都说明了这一点。[21]狩猎除了作为户外的一种运动和娱乐活动外，它还可以为人们提供食物，保护乡村的牲畜，因为野兽可能对乡村的日常生活构成威胁。另外，猎人们还可以进行动物毛皮交易。藏于威尼斯的圣马可国家图书馆（Biblioteca Nazionale Marciana）的《论狩猎》（*Cynegetica*）（Venice, Biblioteca Nazionale Marciana，MS Z 479，fol.56v）中，有公元10世纪末至11世纪初的一幅描绘狩猎场景的画面，画面中有一位头戴毛皮帽子的猎人，他正前去拯救一位被野兽咬伤的同伴，画面中还有另一位正在设置陷阱的猎人，他刚刚捕获了陷入网中的野兽，这只咆哮的野兽被狂吠的猎犬包围起来（图19）。《论狩猎》最早成书于公元3世纪初的叙利亚，该书记录了家养动物和野生动物的不同习性，并教授人们关于狩猎和诱捕的技巧。[22]在威尼斯所藏的这本《论狩猎》中，其所描绘的人物服装也是多种多样的，有穿长袍的、有裸体的，也有戴毛皮帽的，展现了拜占庭艺术中不常见的劳动阶级的服装形态。在这本《论狩猎》的狩猎场景中（图19），猎人穿的长筒袜肖斯（hose）上饰有中世纪的典型图案，猎人的短款丘尼克在胸前用带子系住，这一穿着方式在其他劳动阶级中也能看到。需要注意的是，处于画面中心的猎人戴着一顶毛皮帽子，在该手抄本中还出现了一位骑着马的猎人，他也戴着一顶同样的毛皮帽子（Ven. Mar. Z 479，fol.11v）。猎人骑着马，可能意味着他处于更高的等级，尽管画面旁边的诗文并没有说明他的等级。藏于巴黎法国国家图书馆的另一个版本的《论狩猎》中，出现了三名猎人正一起与狮子搏斗的场景，其中的两名猎人身穿全套的毛皮服装，也可能是某种毛皮斗篷（Paris, Bibliothèque national de France, MS Cr. 2736，fol.60v）。

在威尼斯所藏的《论狩猎》的最后一幅插图中描绘了两位马匹饲养员，其中一位也戴着毛皮帽子（Ven. Mar. Z 479, 12r）。需要注意的是，这些人都不是猎人，表明皮毛不仅是猎人的标志，还可以表示其他职业。在其他手抄本插图中，我们也找到了普通人佩戴毛皮帽子的例子，这些人也不是猎人。例如，在《格雷戈里·纳齐安祖斯的布道书》中，有一群正在排队缴税的男子形象，他们都穿着短款的、单色的丘尼克，这表明了他们是劳动阶级，他们的服装不同于税务员朱利安（Julian），也不同于其他官僚：税务员和官僚们都穿着长款的、锦缎制成的丘尼克，头戴锦缎帽子。在这群纳税人中出现了一位头戴毛皮帽子的男子形象。在这两幅图像中，穿着毛皮的人可能意味着他们生活在乡村，我们很容易将其与猎人混在一起，因为乡村也是猎人的活动区域。大家共同生活的村庄形成了一个农村社区，拜占庭进行税收时也要以农村社区为单位集体征税，这构成了拜占庭中期帝国税收的重要基础[23]，在手抄本中的税收场景也是以农村社区为单位出现的，画面中的毛皮意味着穿着者是农村人，因为在日常生活中，农村人也不得不与野兽进行搏斗。

在拜占庭艺术中最知名的穿着毛皮的人物就是施洗者约翰（John the Baptist），他通常穿着由毛皮制成的僧侣斗篷，他的毛皮斗篷粗糙破旧，甚至算不上一件衣服，施洗者约翰一直被视为苦行僧的榜样。这种粗糙的毛皮穿起来应该是很不舒服的，在图像中常常会出现这种粗糙且蓬乱的毛皮，这也说明了毛皮斗篷的不舒服程度，在藏于西奈山圣凯瑟琳修道院的《格雷戈里·纳齐安祖斯的布道书》中也有相关的图像（Mt. Sinai, St. Catherine's Monastery, Ms. 39, fol. 197v）。由此可知，毛皮除了作为农村人的象征外，也是苦行僧侣的节俭和朴素美德的象征。

当然，毛皮也是猎人生计的一部分，它很适合作为猎人的服装。但按照现代的标准来看，毛皮对于农村居民或猎人来说似乎太昂贵了。毛皮是精英阶级服装的一部分，如一位拥有拜占庭高贵头衔“库罗帕提斯”（curopalates）的名为辛巴提奥斯·帕库里亚诺斯（Symbatios Pakourianos）的官员，在他与妻子卡莱（Kale）一同留下的一份公元1093年的遗嘱中，就专门列出了一件白色的毛皮服装。[24]虽然大多数提及毛皮的贸易集中出现在拜占庭晚期，但早在公元6世纪，首都君士坦丁堡就已经出现了毛皮交易市场。[25]

不同于图像中作为奢侈品的毛皮，文本中所描述的毛皮常常带有贬义，通常是外国人在使用。如塞奥法尼斯（Theophanes，公元760—817年）描述了阿拉伯统治者欧麦尔（Umar，公元634—644年在位）穿着“肮脏的骆驼毛皮的衣服”进入了耶路撒冷。[26]《礼记》中唯一提到毛皮的地方是描述外国人的衣装，如哥特人的服装。[27]排外的拜占庭人经常诽谤外国人，显然，穿着毛皮意味着歧视。西方人似乎也有类似的偏见，如克拉里的罗伯特指出，在公元13世纪初，试图入侵阿德里安堡（Adrianople）的土耳其部落因为穿着羊皮服装，而被拉丁军队称为“孩子”。[28]在这些例子中所说的毛皮并不是奢华的白鼬皮或水貂皮，而是一种较为粗糙的毛皮。值得注意的是，穷人经常被描述为穿着山羊毛皮，这是出于禁欲主义的要求而穿着的，山羊毛皮可能会对皮肤产生刺激，如前所述，安娜·科穆宁努斯提到过穿着山羊毛皮的乞丐形象，山羊毛皮也再次让人联想到施洗者约翰的形象。也许正是毛皮与其他所谓的野蛮民族之间的联系导致了毛皮服装的边缘化。虽然毛皮在服装中的地位有些模糊，但艺术家们却明确地使用毛皮来表示猎人或农村人。

在某种程度上，捕鸟者也算是猎人，但他们穿着另一种类型的服装。我们已经在阿索斯圣山的潘捷列伊蒙修道院所藏的《格雷戈里·纳齐安祖斯的布道书》中看到了描绘田园风光的场景，在画面中还出现了捕鸟者和其他劳动者的形象（Mount Athos, Panteleimon Monastery,

MS 6, fol. 37v)，捕鸟者穿着短款的丘尼克和凉鞋，而不是靴子。在威尼斯所藏的《论狩猎》中有两幅描绘捕鸟者的画面(Ven. Mar. Z 479, fols. 2v and 13r)，其中一幅描绘了六位正在狩猎和一位正在捕鸟的男子们的形象，他们都穿着短款的丘尼克，丘尼克为红蓝相间的色彩(图20)，画面中的男子都穿着标准的劳动阶级的服装，如一些男子穿着类似拖鞋的鞋子，还有一些光着脚。另外，在每位男子的丘尼克上都有装饰，这些装饰以出现在衣领、下摆、袖口等为主，有些丘尼克上根本不进行装饰。在画面的中间，还有一位正在弯腰的男子也穿着一件丘尼克，在丘尼克的下摆处有孔状的刺绣图案。这些男子的丘尼克都是紧袖的，只有画面右边的一颗树上有位男子的丘尼克的袖子是短而宽的样式。在对页中还有一位捕鸟者的形象，穿着另一种类型的服装，即一件长款的丘尼克，长及靴子，丘尼克上饰有菱形图案，他头戴一顶白色的球状帽子，这也许意味着他有较高的等级。

这些不同的服装似乎体现出了现实生活的样貌，在文本中也有对不同人物服装的记载，如猎人、农夫、渔夫、捕鸟者、工匠等的服装。由于《论狩猎》主要是一本关于狩猎的手册，在拜占庭中期的不同版本中，其插画主要表现的是文字描述的动物，尽管如此，插画中还是出现了人类活动的场景。值得注意的是，在《论狩猎》中出现的人物似乎是精英阶级，人物服装是不同于拜占庭普通公民的。如一幅描绘了几名男子在工作后休息的场景中，几名男子都穿着短款的丘尼克，但每个人的穿着方式又不尽相同(Ven. Mar. Gr. Z 479, fol. 21r)(图21)。在画面的左侧，一名正从树上采摘水果的男子，他穿着一件仅能遮住一侧肩膀的无袖的短款丘尼克，在这颗树下躺着另一名男子，他穿着一件从肩部披下来的短款丘尼克，也没有袖子，在他的紧身裤和袜子上都饰有菱形花纹，尽管丘尼克很短，但他应该有着较高的等级，因为在他身旁还有一名仆人，正在为他扇风，这名仆人穿着短袖的、腰系带子的丘尼克，脚上穿着靴子。在画面的右侧，还有一个男子，他把自己的短款丘尼克从身体两侧塞进腰带里。画面中还有一名刚从河里游完泳的男子，他赤身裸体地坐着休息，他的丘尼克挂在他左侧的一棵树上。

在另一幅插画中，描绘了一位正在雕刻象牙的雕刻师，他穿着长袖的白色丘尼克，袖子上有条纹装饰，画面中还有另一名雕刻师，也身穿一件深色的、长款的、无袖的丘尼克。在拜占庭社会中，工匠的社会地位较低(Ven. Mar. Z479, fol. 36r)，显然，这位艺术家并不关心社会等级，他更感兴趣的是如何准确生动地描绘出人物形象，他笔下的人物服装也自然是拜占庭服装的组成部分。

士兵

在拜占庭军队中，士兵似乎多来自贫寒的家庭，他们有时会穿着自己的衣装。[29]在拜占庭士兵中，除非有着较高的级别，否则是不允许穿盔甲的，另外，无论士兵是何种兵种，他们可能都不要求穿制服。步兵穿着与劳动阶层相同的衣服，如短款的丘尼克和斗篷，脚穿靴子，他们为了在没有盔甲的情况下保护好自己，都专门增加了服装的厚度。这里仅简单地描述一下盔甲，因为盔甲与时尚无关，而是与战争和金属加工技术相关。在霍西奥斯卢卡斯修道院（Monastery of Hosios Loukas）中，将圣巴巴拉教堂与帕纳吉亚教堂（Panagia Church）分隔开来的墙壁上，描绘有《圣经》中约书亚（Joshua）的形象，这让我们看到了拜占庭盔甲的样子。[30]画面中的约书亚戴着头盔，上身穿着一件由皮革和锁子甲制成的胸甲（thorax），下身是一条由皮革制成的裙板，也就是翼甲（pteryges），罩在了丘尼克、紧身裤和靴子的上面。[31]在威尼斯藏的《论狩猎》中出现了装甲骑兵的图像（Ven. Mar. Z 479, fol. 6v），[32]画面中的骑兵戴着头盔，身穿胸甲，骑在马背上拔出武器互相搏斗，其中的盔甲装备在步兵中并不常见，[33]由于步兵缺乏盔甲，所以步兵的个人安全并没有得到很好的保护。迈克尔·普赛洛斯描绘了反抗君士坦丁九世·莫诺马科斯（Constantine Ⅸ Monomachos）的叛乱分子们的盔甲装备。

> 一方面，他们用护腿和胸甲来武装自己，他们的马匹也裹着铠甲，另一方面，他们也用自己获得的所有东西来武装自己。[34]

安娜·科穆宁努斯指出：“在某些情况下，他（亚历克西斯）甚至用丝绸服装来充当铁甲和帽子，因为当时没有足够的铁来制作盔甲，而丝绸的颜色类似于铁。”[35]

通常图像中的士兵都穿着模式化的服装，也就相当于制服，但并没有材料表明当时有专门的军队制服，军队制服甚至没有统一的颜色。学者乔治·丹尼斯（George Dennis）在连续出版的三本军事著作中介绍了当时的作战装备，但没有提到士兵的服装，在《军事规则》（*Praecepta Militaria*）中也没有提及。[36]事实上，这些著作也意味着士兵必须自己购买服装和盔甲，书中建议士兵应该拥有坚固的盔甲，这些盔甲“不能为了要减轻重量，而直接穿在普通的衣服上面，而应该穿在至少有一指厚的衣服上面”。[37]此外，在伴随帝国军事远征的行李车中，有为军队运输服装的名录，但在名录中并没有提到军队制服。[38]学者约翰·霍尔登（John Haldon）在分析军人的地位时发现，拜占庭军队并没有给士兵提供任何服装与盔甲。[39]

在描绘士兵的图像中，包括最低级别的士兵形象，都异常丰富。在《巴西尔二世的教会服务书》（Vat. Gr. 1613）中，艺术家通过模式化的服装表现了不同等级的士兵。《巴西尔二世的教会服务书》是在公元979年之后专为巴西尔二世制作的，将其称为“传记汇编”似乎更为恰当，因为它包含了从9月到次年2月按日历顺序排列的圣徒故事，而不是一本完整的传记。《巴西尔二世的教会服务书》内容庞大，总共430页，几乎每一页都有插画，在每幅插画的下面又有16行专门描述圣人的文字。[40]在该书中主要描绘了五种类型的人物：圣人、圣人殉难场景中的士兵、皇帝和皇后、贵族、外国人。圣人大多穿着教会或修道院的服装，这类服装不是描绘重点；画面刻意强调了外国人穿的民族服装；关于皇室服装和贵族阶级的服装，在前面的章节中已经做过讨论，这里将不赘述。几乎每一位圣人的殉难过程都被详细地表现出来，在画面中执行这些酷刑的士兵们，至少扮演着与圣人一样重要的角色，他们耀眼且华丽的服装突显了他们在插画中的地位。

值得注意的是，在《巴西尔二世的教会服务书》中所描绘的士兵并没有真正去参与战斗，画面中士兵也没有盔甲。盔甲对于步兵来说很重要，而这份手抄本中所显示的刽子手的职责其实也是步兵的工作之一。在《巴西尔二世的教会服务书》中，典型的士兵形象通常穿着一件短款的丘尼克，腰间系着腰带，下身穿紧身裤和靴子，他的佩剑也告诉了观者他的军人身份。如最典型的是两名士兵殴打圣徒阿塞斯马斯（St. Acepsimas）的场景（Vat. Gr. 1613, fol. 157）（图22），画面中的圣徒正跪倒在约瑟夫（Joseph）和艾萨拉斯（Aeithalas）的旁边，约瑟夫和艾萨拉斯的脚被向上吊起来，正准备迎接死亡的来临。在圣徒的身后有两名士兵，其中一名士兵穿着一件蓝色的短款丘尼克，上面有淡紫色的镶边，下身穿着有金色装饰图案的紧身裤，脚上穿着长及膝盖的长筒靴；另一名士兵穿着一件淡紫色的短款丘尼克，前面有一块刺绣装饰片，下面穿着蓝色的紧身裤。两人都在胸前系着一条围巾，臂章上的刺绣可能是提拉兹。

与大多数手抄本中所描绘的服装一样，这幅画面中所表现的服装也很精细，这两名士兵衣服上的图案是菱形花纹和菱格几何纹，在该手抄本中其他士兵的衣服上还出现了圆形、花卉形、几何形等各种图案。这类图案在遗存的拜占庭纺织品上也很常见，如美国的卡内基自然历史博物馆（Carnegie Museum of Natural History）收藏有两件带有几何图案的纺织品，一件是几何菱格形，另一件是松散的菱形花纹图案，与上述插画中士兵的服装图案相似。[41]在英国伦敦的维多利亚和阿尔伯特博物馆所收藏的拜占庭纺织品中，也能见到这种几何菱格形图案。[42]在《巴西尔二世的教会服务书》中服装上的圆形图案，在遗存的拜占庭纺织品中也大量出现，如公元8—10世纪埃及的羊毛和亚麻布上也使用了这种图案。[43]在该手抄本中还有一种花卉藤蔓图案，在中世纪的纺织品上也很常见，如美国卡内基自然历史博物馆所收藏的亚麻和羊毛碎片上就有这种图案。[44]

值得注意的是，士兵的服装与圣徒的宗教长袍形成了鲜明对比，宗教长袍虽然优雅，如亮蓝色的丘尼克上面盖着白色的圣带（图22），但与士兵的服装相比却显得平淡无奇（Vat. Gr. 1613, fol. 157）。在另一幅画面中，即使艺术家对刽子手的服装进行了简单表现，但其鲜艳的颜色仍超越了圣徒的服装。

在《巴西尔二世的教会服务书》中，士兵们华丽的服装绝不会让观者误以为他们是拜占庭社会中的精英阶层，也不会误以为他们是画面中的主角。士兵们的残暴行为凸显了圣徒的神圣，尽管士兵们的服装很漂亮，却清楚地表明了他们的地位。士兵的丘尼克都很短，通常要塞在腰带里，以方便他们完成工作。如图22所示，一名士兵将玫瑰色和蓝色相间的丘尼克塞进了腰带，他高举着武器，轻松地摆出了攻击的姿势（Vat. Gr. 1613, fol. 157）。大多数的士兵都穿着靴子，这是他们从事繁重劳动所必需的，而圣徒则穿着富人或学者们常穿的那种拖鞋状鞋子，圣徒艾瑞莎（St. Aretha）和他富有的同伴们在等候殉道时就穿着拖鞋状的鞋子（Vat. Gr. 1613, fol. 135）。

通过对比手抄本中的士兵服装与贵族服装，以及皇室服装可知，画面中对士兵的社会阶级表现得非常鲜明，级别较高的官员通常穿着克拉米斯和长款的丘尼克，他们指挥着士兵履行刽子手的职责。如手抄本中有一名男子身穿中长款的蓝色丘尼克，上面有金色刺绣的镶边，袖子上还有一个圆形的饰片和华丽的臂章，脚上穿着黑色的靴子，头上戴着白色的小头巾，表明他是个外国人。这名男子正在监督他手下的一名士兵放下手中的剑，这名士兵面向着圣徒波菲里翁（St. Porphyrion）（Vat. Gr. 1613, fol. 161），通过服装一目了然，这名男子的军衔明显高于的士兵。[45]

在其他图像中也是以相同的手法来描绘士兵的。手抄本《埃斯菲格梅努的教会服务书》可能是以《巴西尔二世的教会服务书》为原型的，这就解释了为什么在这两本手抄本中出现了相似的士兵形象。位于卡帕多西亚格雷梅的萨克利·基利斯教堂中的绘于约公元1070年的壁画中，有描绘罗马士兵正在刺伤钉在十字架上的基督的场景，罗马士兵穿着红色的短款丘尼克，其中一位士兵的丘尼克上饰有圆形图案，另一位饰有小的圆圈，[46]相比之下，圣母玛利亚和其他哀悼者的服装就显得相当朴素。华盛顿特区纺织博物馆（Washington DC Textile Museum）收藏有一件埃及出土的羊毛和亚麻布混织的丘尼克碎片，上面有珍珠镶边的圆形图案，这与罗马士兵身上的图案相似。[47]尽管这块织物碎片制作于公元8世纪的埃及，属于伊斯兰的纺织品，但当地纺织业不会因为脱离了拜占庭的管辖就迅速发生很大的变化，所以这种相似性是合理的。[48]这块织物碎片主要是用羊毛制成的，织物背面是普通的亚麻布，这意味着其穿着者可能来自中等收入的家庭，不像士兵那么卑微。在《论狩猎》中有一幅描绘海战的场景，画面中的水手有些上身穿盔甲、下身穿战袍，还有些穿着不同的服装，这可能暗示了人物的不同军衔和地位。画面中还有一位手持长矛的来自敌军阵营的士兵，他正在逼近水手，艺术家生动地表现出即将发生的危险时刻，从画面中可以看出，人物的斗篷和丘尼克即使专门加厚，也很难起到防御的作用。

仆人和奴隶

可以想象，仆人和奴隶的服装应该也与其他非精英阶层的相同，也是短款的丘尼克，他们的衣服可能是由主人提供的。他们是否会穿制服还有待研究。[49]在帝国宫廷中，侍从和仆人似乎都穿着款式类似、颜色相同的服装，在某种程度上也算是一种制服。马拉瓦齐（Maravazi）曾在公元11世纪末拜访过拜占庭宫廷，他提到了帝国侍从们的服装颜色：

> 在集会日的前一天，城里发布了一项公告：国王要参观竞技场。人们争先恐后地要前往竞技场观看那壮观的场面，竞技场变得拥挤不堪。到了早上，国王带着他的亲信和侍从们来了，他们都穿着红色的衣服（原文如此）。国王坐在高处，俯瞰着整个竞技场，他的妻子迪兹布纳（dizbuna）和她的密友们，以及侍女们，都坐在国王的对面，她们都穿着绿色的衣服。[50]

米诺斯基（Minorsky）指出，公元11世纪末的马拉瓦齐错误地将皇帝侍从的衣服描述成红色，其实应该是蓝色，服装色彩反映了不同派别之间的斗争。目前还没有足够的证据说明仅通过服装色彩就能断定不同的政治派别，当然也不能通过仆人的服装色彩就说明米诺斯基的论断是否正确，但无论如何，这说明了某一派系的服装与其仆人可能使用了统一的色彩。公元986年，巴西尔二世派遣一名拜占庭特使前往布瓦伊德宫殿（Buwayid Palace），“（特使）的侍从们穿着镶满珍珠的腰带，并携带着佩剑。”[51]我们可以想象，侍从们应该穿着不尽相同的丘尼克和斗篷，但腰带可能说明了侍从们的特使身份。

图像资料也表明了侍从可能穿着制服的观点。本书第二章中的“梵蒂冈手抄本1851”是专门为西方公主制作的手抄本，画面中侍奉新娘的侍女们都穿着一模一样的衣服和帽子[52]（Vat. Gr.1851，3v），在第6对开页中（folio 6），侍奉新娘换礼服的侍女们的服装与帐篷外妇女们不同，帐篷外妇女们的独特服装说明她们不是侍女，而可能是官员的妻子或皇室的贵戚（图12）。藏于意大利威尼斯圣马可国立图书馆的一份来自诺曼西西里岛的手抄本《荷马鲁斯·维尼图斯》（*Homerus Venetus*）中，也出现了皇室侍女的形象，如两名身穿蓝色斗篷、头戴白色包头巾的妇女，分别站在特洛伊的海伦两侧，海伦正坐在诺曼宫殿中[53]（Venice, Biblioteca Nationale Marciana, MS A1 Cr. 454, fol. 1r）。学者弗兰（Furlan）在对圣马可国立图书馆的希腊手抄本进行编目时发现，这份手抄本应该是在基于拜占庭和伊斯兰的原型基础上完成的，并使用了“梵蒂冈手抄本752”（Vat. 752）中的宫廷场景作为创作原型。[54]

关于宫廷之外的仆人和奴隶的服装记载就更不清晰了。在一份公元4世纪的资料中，记录了一位贵族男子阿森尼乌斯（Arsenius）的生活情况，在他成为僧侣之前，他拥有“数千名束着金腰带的奴隶，他们都穿着丝绸衣服，戴着金色的装饰衣领”。[55]尽管这个故事过于夸张，但的确说明了奴隶会穿同样款式的服装，主人会刻意把奴隶打扮得一模一样。但在拜占庭中期的文献中并没有关于奴隶服装的记载。现藏于马德里国立图书馆的制作于公元12

世纪西西里岛的希腊编年史《马德里的斯凯利兹手抄本》（Madrid Skylitze）中，记载了寡妇丹尼尔斯（Danielis）被她的奴隶们抬着，奴隶们都穿着短款的丘尼克，颜色或蓝或粉，并搭配紧身裤，裤子的颜色也是或蓝或粉，脚穿黑色靴子，这表明了主人刻意给奴隶们穿上了统一的制服。但这份手抄本中的拜占庭服装并不十分可靠，本书第三章已对此进行过讨论。另外，画面中丹尼尔斯的服装与仆人的服装是相匹配的，因此，将其视为奴隶的制服显然是不够准确的。在西奈山圣凯瑟琳修道院藏有一本约公元11世纪末的《约伯记》（*Book of Job*）（Mount Sinai, St. Catherine's Monastery, MS 3, fol. 17v），该手抄本插画中描绘了约伯的儿子和女儿进行宴会的场景，画面中有两个穿着相同制服的仆人，他们正把一碗碗的食物送到餐桌上，这也许真实反映了当时拜占庭的家庭生活。在《论狩猎》中也出现了仆人的形象，他们穿着相同的短款丘尼克。目前，根据关于仆人和奴隶服装的少量证据可以看出，他们有时也会像宫廷侍从一样穿着某种制服，但由于相关材料较少，我们暂且认为这不是一种普遍现象。

艺人

在拜占庭帝国宫廷内外，还有一个特殊的劳动群体，即各种各样的艺人，如舞者、乐师、杂技表演者、卖艺者、演员等。拜占庭作家常常嘲笑艺人们，这也成为当时剧院的特征，表明艺人处在拜占庭社会的底层。[56]然而，艺人们的衣装显然并不像其他劳动阶级那样能直接表明他们的等级，而是更加多样化，他们的服装与农民、渔民那种较为统一的短装和结实的靴子完全不同，比如舞者会穿或长或短的衣服，有合体的，也有宽松的，有时还会戴围巾，或是戴顶帽子；乐师的服装既有朴素简洁的，也有华丽耀眼的；杂技表演者的服装既有宽松上衣搭配紧身裤的形式，也有几乎裸体的形象；卖艺者的服装有时会是伊斯兰式的，有时又完全是拜占庭式的；演员的服装也多种多样，如果他们的衣装十分优雅，可能是专门的演出服。

在艺人的形象中，乐师是最常见的，他们服装的种类也最丰富。在公元1058—1059年的《梵蒂冈诗篇集》中的“米里亚姆之舞”的场景中，展现了拜占庭中期最著名的乐师形象[57]（Vat. Gr. 752, fol. 449），画面中有8位乐师正在为一圈舞者们演奏乐曲（稍后将详细讨论）。每位乐师都穿着红色或蓝色的短款丘尼克，在丘尼克的下摆、衣领和袖口处都有金色的刺绣沿边，下身都穿着黑色的紧身裤，脚穿靴子。他们的服装与其他劳动阶级的明显不同，如果我们单从着装者的阶级来看，这些服装显得太过奢华了，尤其是金色的刺绣。然而，乐师们的短款丘尼克又说明他们处于社会的下层。

伊斯坦布尔考古博物馆（Archaeological Museum in Istanbul）藏有一幅大理石雕刻的“米

里亚姆之舞”，雕像中有两位乐师（图23），[58]其中一位乐师穿着中长款的丘尼克，领口呈V形，腰间配带，而另一位乐师穿着长及脚踝的丘尼克，较为宽松。他们的服装并没有表示出乐师所处的社会阶层。在希腊科林斯博物馆（Corinth Museum）收藏的制作于公元9—12世纪的门框浮雕上有一位正在演奏竖琴的乐师，在他的腿上盖着一件有垂直条纹的衣服，这可能是一件长款丘尼克的下半部分，乐师还戴着一顶球形状的帽子。[59]在科林斯博物馆还发现了一个公元12世纪的陶瓷火锅，火锅上绘有鼓手的形象，鼓手的乐器是用带子挂在身上的，鼓手穿着一件有V形领的丘尼克，在肩部还有圆形装饰。[60]最后一个比较特殊的例子出现在意大利都灵大学图书馆（Turin University Library），在该图书馆收藏的公元11世纪的《格雷戈里·纳齐安祖斯的布道书》的插图中，有两位耍蛇人组成了字母“M”，这两位耍蛇人的身体赤裸，他们正在演奏催眠乐曲（Turin, Turin University Library, MS C.I. 6, fol. 68r），赤裸的身体也是表演的一部分。所以，演出服装和日常服装之间的界限还是比较明显的。

这些图像中的服装并没有显示出穿着者的特定阶级，由于艺人们通常穿的是演出服装而不是日常服装，所以，拜占庭艺术家也就无法通过服装来传达出特定的阶级，这些服装也反映出当时艺人演出服的样式。拜占庭的观众们可以通过服装区分出农民和猎人，但要区分艺人，则主要通过他们的活动和表演进行识别，如演奏乐器的是乐师、跳舞的是舞者、表现倒立的是杂技演员。在大部分图像中出现的乐师形象都具有鲜明的伊斯兰风格，如《都灵布道书》（Turin Homilies）中的首字母“T”上出现的乐师形象（Turin C.I. 6, fol. 76r），是一名长笛演奏者，盘腿而坐，穿着锦缎制成的丘尼克，戴着包头巾，这是典型的伊斯兰宫廷人物的形象。[61]在卡帕多西亚的奥塔希萨尔的圣西奥多教堂中的“耶稣诞生”场景中，也出现了同样形象的长笛演奏者，他也穿着这种东方化的服装［图6（e）］，戴着小的合体的包头巾，穿着卡夫坦，上面有棕色和白色相间的装饰图案，脚上穿着黑色的拖鞋。这些乐师们的饰有图案的服装与本书第三章中所讨论的约旦古塞尔·阿姆拉城堡壁画中的倭马亚时期的长笛演奏家的服装一样，长笛演奏家也穿着有V形领的丘尼克，上面装饰着小的钻石形和圆圈形的图案。

图像中舞者的服装也体现出了鲜明的伊斯兰风格。大部分图像中的女性舞者都穿着长袍，她们腰间系着腰带，戴着长围巾。藏于雅典拜占庭博物馆（Byzantine Museum in Athens）的一件公元11世纪的雕塑中，在半人马像的旁边有一位女性舞者，她戴着长围巾，头上有包头巾。在君士坦丁九世·莫诺马科斯的一顶王冠上，也有两名戴着围巾跳舞的女性舞者，王冠制作于公元1042—1050年，王冠上有7块珐琅牌匾，最初是贴在皮革或布带上，后来直接镶嵌在王冠上。[62]王冠上的这两位女性舞者没有穿束腰长袍，而是穿着两件上下分开的衣服，即一件长的喇叭袖衬衫和一条及膝的短裙，她们头上都戴着一条金色发带，体现出了鲜明的伊斯兰风格。这种戴围巾的舞者形象还出现在公元12世纪西西里岛的象牙浮雕板上，该浮雕板现藏于佛罗伦萨国家博物馆（Muzeo Nationale in Florence），[63]该浮雕板上的女性舞者戴着一条大围巾，围巾垂在她的织锦长袍上，长袍上饰有圆形的叶状图案，华丽的金色发带固定着她的头发。

这些舞者的衣装体现出明显的伊斯兰风格，这完全不同于《梵蒂冈诗篇集》中的舞者形象，这也说明了舞者服装的多样性（Vat. Gr. 752, fol. 449）。《梵蒂冈诗篇集》中的女性舞者都穿着宽大的长裙，腰带勾勒出她们腰部的曲线，环绕上臂的装饰应该是提拉兹，造型夸张的长袖从袖根到肘部位置收紧，肘部以下骤然变大，袖口宽得拖到地板上。她们衣服的领口和下摆处都有金色的刺绣沿边，胸前还有一块刺绣装饰。她们的长裙都以红色或蓝色为主，上面都装饰有模拟锦缎图案的华丽装饰。最引人注目的是，她们佩戴着大扇形的帽子，一些帽子上还装饰有金色条纹。该诗篇集中的一位男性舞者穿着一件短款的丘尼克，上面有金色的刺绣沿边，与女性舞者的服装相似，但他下身穿的是紧身裤和靴子。在拜占庭早期的资料中，男性舞者因其女性化而受到指责，众所周知，他们也会化妆，[64]也许由于他们的服装和装扮都与女性极为相似，所以他们备受指责。在为数不多的关于舞蹈的文本资料中记载了一件衣服，这件衣服可能就是这个画面中的短款丘尼克。君士坦丁七世·普菲尼基尼特斯描述了为皇帝举办晚宴庆祝活动的场景，并记录了环绕桌子跳舞的宫廷舞者的服装，此外还记录了“……地方执行官和牧师都穿着蓝色和白色的康多马尼卡（kondomanikia），即短袖的丘尼克，衣服上有一个开衩，他们脚上戴着金色的带子。”[65]君士坦丁七世所描述的这件衣服非常像“梵蒂冈手抄本752”（Vatican Gr. 752）中乐师的服装，这也说明艺术家在努力提高图像的准确性。图像资料表明，当时的艺术家们很少关注服装的真实性和准确性，几乎没有艺术家能呈现出像《梵蒂冈诗篇集》这样生动的场景，更不用说准确描绘服装的细节了。

在拜占庭中期的图像中，也保存了一些描绘杂技演员和其他运动员的图像。人们会对这些体力工作者的衣装有这样的预期，即杂技演员、摔跤手和其他运动员可能只穿着缠腰布，以充分展现出他们高难度的扭曲动作。藏于伊斯坦布尔考古博物馆的一幅公元12世纪的大理石雕塑中，一名杂技演员穿着一条“三角裤”，如果用现代词汇来形容的话，“三角裤”最为合适（图24）。藏于都灵的《格雷戈里·纳齐安祖斯的布道书》的页面边缘有两个摔跤手的形象，他们只穿着缠腰布进行摔跤（Turin C.I. 6, fol. 11r），在该手抄本中字母“T”中也有一位杂技演员，他穿着一件宽松的蓝色缠腰布和一件无袖的红色衬衫，显得更加谦卑和喜庆（Turin C.I. 6, fol. 72r），在他手臂上的围巾和戒指可能是用来表演的配饰。另外在字母“T”中也有一位杂技演员，穿着长袖衬衫，戴着小帽子，他腿上的灯笼裤是拜占庭世界中并不常见的服装类型（Turin C.I. 6, fol. 73r）。

大部分图像中的运动员常常被描绘为裸体的形象，比如在《都灵布道书》中，在文章的第一个字母中常出现摔跤手，他们都是裸体的形象。裸体锻炼是古希腊世界的常态，但这种锻炼方法似乎并没有延续至中世纪，裸体锻炼似乎从伊特鲁里亚人（Etruscans）开始就逐渐消失了，至少在公共体育赛事中不再出现。[66]到了公元6世纪，杂技演员在表演时衣服至少要覆盖住股沟的位置，正如普罗科皮奥斯（Prokopios）在假装厌恶西奥多拉的戏剧表演时所说的那样。[67]在非常依赖古典图示进行创作的手抄本《格雷戈里·纳齐安祖斯的布道书》中，那些裸体的男人形象可能都源自古典图示。

基辅圣索菲亚教堂（St. Sophia in Kiev）中绘于公元11世纪的壁画中，有一组描绘在竞技场中进行狩猎和游戏的场景，画面准确再现了当时的活动场景。[68]目前对于该场景还存在争议，画面到底是对君士坦丁堡竞技场的模仿，还是对当地场景的再现？但无论如何当时的罗斯人（Rus）的确处于拜占庭的势力范围内，竞技场中的杂技演员可以让我们联想到拜占庭的运动场景。[69]画面中，一名杂技演员穿着一件长袖的丘尼克，领口有镶边，腰间系带，头戴小帽子，在他扛着的杆子上还有一个小男孩，小男孩也穿着同样的服装。很难判断基辅壁画中的另外两名表演者即将要表演什么特技，但他们的衣服非常紧身，而且戴着独特的帽子，格外引人注目。拜占庭世界中没有穿紧身衣的例子，也没有这种帽子样式，也许这些服装源自基辅当地。

运动员的服装更加多样化，这不仅体现在图像上，也体现在文本记载中。公元10世纪的一位伊斯兰编年史家将赛马场上战车手的服装描述为“丝织的长袍”，[70]这件衣服似乎很适合去做这项工作。颜色鲜艳的长款丘尼克可以直接反映出战车手的分组情况，辅助战车手们通常穿的是蓝色与绿色相间的服装，或者是红色与白色相间，这一规则可以追溯到古代。[71]明亮的染料非常适合浸染丝绸，鲜艳的色彩也易于观众辨识出不同的战队，即使比赛掀起了灰尘，但鲜艳的服装色彩也能使观众透过灰尘辨认出战队。这也正如今天的赛马骑师，他们仍要穿着色彩鲜艳的丝绸服装。

前面已讨论过了劳动者、仆人和猎人等非精英阶层的服装，尽管他们有时也有漂亮的服装，但通过服装上的标志性元素，如下摆长度、鞋型等，观者可以立即辨别出人物的地位和职业，对于拜占庭人来说，这些服装元素都是非精英阶层的标志。然而，拜占庭艺术家通过描绘服装华丽的艺人形象，使精英阶层与非精英阶层之间的界限模糊起来，艺人的服装通常没有非精英阶层服装的标志。观者不能通过服装来确定艺人的身份，只能通过表演内容和行为活动来确定艺人的职业，如演奏乐器的是乐师、跳舞的是舞者、做体操的是运动员等。所以，拜占庭艺术家在绘制作品时，不需要严谨地表现出艺人的服装，因为观者通过行为动作就能辨识出艺人的职业。

艺人通过服装可以为表演活动增加戏剧性和刺激感，就像当代的音乐家和演员们一样。迄今为止，我们发现拜占庭艺术家所描绘的艺人服装比其他阶层的服装都更加丰富多样，可见，艺人对于服装确实存在很多选择。如果没有这些幸存下来的舞者、乐师及演员的图像，我们就无法了解这个特殊人群的服装形态。可以想象，艺人们会穿着具有异国情调的服装，也会穿耀眼性感的服装，又或是古怪的服装，来作为他们表演的一部分，他们在选择服装时并不会受到自身阶级的局限。也许，其他非精英阶层的服装也远远要比现存图像中的丰富，所以，现存的图像资料并不能全面地反映出非精英阶层的服装形态。

第三节　女性形象

拜占庭图像中的另一个重要群体是女性形象，她们的服装朴素端庄，不像男装那样反映出商业贸易和经济情况。前面已经提到，女性表演者的服装是个例外，她们的服装与普通女装不同。女装的特点主要体现在面料和配饰上，如珠宝的数量和款式。但是无论女性拥有多少财富，她们的丘尼克都要覆盖住头部。图像中非精英阶层的女装与男装几乎没有太大区别。需要注意的是，在拜占庭文本中所记录的男装和女装存在着差异，尽管目前我们在手抄本插画中看不出这种差别。

让我们再次回到梵蒂冈教廷图书馆收藏的《巴西尔二世的教会服务书》中，在该手抄本插画中出现了一些女性形象；例如“梵蒂冈手抄本1613”（Vat. Gr. 1613）中有一位站在士兵旁边的女性，她头戴面纱，身穿斗篷和丘尼克，她的整套服装与士兵的服装一样华丽，但她的服装更长，充分体现出了女性的端庄与保守。在这份手抄本中，无论女性处于何种阶层，女性的衣服都要比男性的更长。但在描绘“神奇的灰雨”（a miraculous rain of ashes）场景中，艺术家表现了不同阶层的人物形象（Vat. Gr. 1613, fol.164），画面中有一位用手遮住脸的女性，她穿着一件红色的中长款丘尼克，上面饰有蓝色的刺绣，脚上穿着红色的鞋子，她衣服的长度和装饰都表明她比周围的人群更加富有，但与第167对开页（folio 167）中衣着华丽的女人相比，她的衣服又略显朴素。“神奇的灰雨”中，贫穷的男性都穿着短款的丘尼克，光着腿和脚，旁边的其他男性则穿着短款丘尼克，腿上穿着肖丝，脚上穿着靴子。手抄本中女性的丘尼克均为长款，没有长及膝盖的样式，因为短款丘尼克不适合女性穿着。然而，服装仍然是区分阶级的主要标志，女性服装的穿搭层次越多、装饰越丰富，就意味着这名女子越富有。

虽然在非精英阶层的图像中很少看到女性形象，但根据有限的图像资料可知，男装和女装，除了长度不同，外衣和斗篷的样式基本都是相同的，剪裁方式也一样，连袖口和颈部的装饰工艺也没有太大区别，就连颜色也基本相同。然而，根据拜占庭文献的记载，即便是在下层阶级，男装和女装都是存在差别的。在藏于梵蒂冈教廷图书馆的《巴西尔二世的教会服务书》中，两幅插画展示了劳动阶级的代表服装，即一种男女皆宜的服装。例如，女圣徒埃罗泰德（St. Erotide）在殉难时穿着一件白色宽松的长款丘尼克（Vat. Gr. 1613, fol. 143），这件长款的丘尼克也出现在了另一幅表现“七个沉睡者”的场景中，画面中的七个人正在洞穴中沉睡，其中一位也穿着与女圣徒埃罗泰德同款的白色丘尼克（Vat. Gr. 1613, fol. 133），其他人也都穿着长款丘尼克，但是橙色的。根据这些人物的头发长度、服装配饰，以及所处的背景，可以明确地辨识出他们的性别，但如果仅仅根据服装是无法准确辨识出性别的。服装上最能体现出性别差异的是袍服的长度，女性不能穿短款的丘尼克，男性的丘尼克可以是短款，也可以是长款。拜占庭社会可能规定了女性必须穿长款袍服的要求，至少在图像中的女性都穿着长款服装，也许女性出于端庄保守的原因也会穿着长款丘尼克。

另外，在拜占庭的圣徒传记中所提到的男装和女装也有着明显的差别。例如，成书于在公元960—1000年的《圣徒埃利亚斯·斯佩莱奥特斯传记》（Vita of Elias Spelaiotes）中，一位名叫雅各布（Jacob）的僧侣穿着“一件男式长袍科娄比姆（colobium）”，这件衣服的剪裁完全不同于女装的裁剪。[72]另外，当仁慈的菲拉雷托丢掉了他的最后一件衣服后只穿着内衣回家时，他的妻子立即将自己的斯蒂查里翁改制成了男装的样式，并立即拿给了菲拉雷托穿。[73]在这里，菲拉雷托的妻子可能只是将衣服剪短到了膝盖的位置，但也不一定，男人的衣服也可以是长款，所以，她很可能是在衣服的局部位置进行了修改。公元8世纪末，编年史家塞奥法尼斯指出，在圣像破坏运动期间，一些君士坦丁堡的男子们会穿着女装试图从阿塔瓦斯多斯城（Artavasdos）逃走，他们穿着女装顺利逃过了守城的卫兵，[74]这些穿女装的逃亡者们可能还戴上女性专用的玛芬里翁来遮盖住自己的面部，因为当时的女性经常蒙着面纱出门。

公元10世纪的小圣玛丽（St. Mary the Younger）的故事也证明了丘尼克是分性别的，故事讲述了小圣玛丽的丈夫试图为妻子找到一件合适的葬服，但却发现他的妻子把自己所有的衣服都捐给了穷人。“……听说（她把衣服送人）后，他没有继续翻找合适的衣服，而是将他自己的一件衣服改成了女装，受到祝福的小圣玛丽最后穿着这件改制后的衣服下葬。”[75]拜占庭早期的服装也存在着性别差异。普罗科皮奥斯在他的《秘史》（Secret History）中指出，西奥多拉小时候穿的是“一件小的长袖的丘尼克”，他还专门指出这是“女奴们常穿的服装”。[76]拜占庭艺术家在图像中表现劳动阶级的服装时，常常进行图式化和模式化的处理，这就大大消解了男装和女装之间的差别。

图像中的女性的服装通常朴素保守，外衣需要遮盖住膝盖和手臂，面部需要戴玛芬里翁等。如前两章所述，在许多图像中的宫廷女性和皇后，她们都只戴着王冠，并没有用面纱遮住脸部。不遮挡面部的现象应该是很常见的，包括下层阶级的女性，如在一块拜占庭中期的象牙浮雕板上，描绘了亚当和夏娃正在工作的场景，画面中的夏娃穿着短袖的服装，面部没有头巾，显然艺术家描绘的是一对来自劳动阶层的夫妇形象[77]（图25）。藏于耶路撒冷希腊牧首图书馆的《约伯记》中有一幅来自拜占庭晚期插画（Jerusalem, Greek Patriarchal Library,

MS Taphou 5, fol. 234b)，画面中有两名坐着的女性正在织布和纺线，其中一名女性头上有玛芬里翁，另一名则没有。藏于阿索斯圣山的《埃斯菲格梅努的教会服务书》中的插画显示，圣尤斯塔修斯（St. Eustathios）的妻子会在某些情况下佩戴玛芬里翁，而在某些情况下也会不佩戴（Athos, Esphigmenou, MS 14, fol. 52r）。一般来说，中世纪典型的女性应是穿着长款丘尼克、头戴面纱的形象。根据文献记载，丘尼克的剪裁方式存在差异，目的是能迅速让人区分出是男装还是女装。此外，一些图像并没有遵循对女性朴素谦卑的要求来进行绘制，所以，在这些图像中的女性都没有戴玛芬里翁。

女性谦卑的形象特征不仅出现在了图像中，也出现在了文学作品中，文学作品中主张要将女性限制在家庭生活中。卡兹丹指出，拜占庭作家们试图将女性限制在“道德（‘意识形态’）结构”中，[78]这些限制的女性语言与绘画中谦逊的女性形象相呼应，但这其实并不是中世纪的真实情况。

第四节 儿童的形象

儿童是本章讨论的最后一个非精英阶层的群体。在整个中世纪的资料中，无论是文字还是图像，关于儿童的信息都极少。直到20世纪90年代初，才有专门针对中世纪儿童研究的出版物。[79]然而，这些出版物中虽然提到了儿童有对服装的需求，但却没有提供更详细的信息。[80]人们通常认为儿童会穿着与成人相同的衣服，只是尺码更小。这是建立在人们对儿童生活了解基础上的，中世纪除了少数富裕家庭的孩子可以接受教育，大多数孩子在很小的时候就必须从事体力劳动，甚至早早结婚成家，因此，中世纪的儿童几乎没有度过与成人截然不同的童年时代。在本书第二章中曾讨论过塞萨洛尼基的圣德米特里奥斯教堂中出现的两个男孩形象，男孩的服装也支持了这一观点，他们穿着的克拉米斯和丘尼克与成年男子没有任何区别。在阿索斯圣山藏的《埃斯菲格梅努的教会服务书》中，描绘了圣尤斯塔修斯疏忽管教自己孩子的场景，他的孩子们都穿着与他同款的短丘尼克和斗篷，脚穿靴子（Athos, Esphigmenou, MS 14, fol. 52v）。巴黎法国国家图书馆藏的《格雷戈里·纳齐安祖斯的布道书》的页边绘有儿童玩耍的场景，画面中的儿童全部是裸体的（Paris, Bibliothèque national de France, MS Gr. 550, fols. 6r, 6v, and 9v），由于图像出现在页面边缘，并没有具体的文字说明，所以我们推测，也许年幼的孩子常常赤裸着身体来玩耍嬉戏，也或许这些图像表现的是穷人家的孩子。考古资料也进一步说明儿童与成人的衣服样式是完全相同的，公元7世纪埃及出土了一些拜占庭儿童的丘尼克，其样式与成人的完全相同，在出土的一件亚麻质地的丘尼克上还装饰有方形镶板（square panels）和克拉比装饰条纹，丘尼克的领口和袖口为红色和蓝色，这件丘尼克除了尺寸较小外，没有专属于儿童服装的其他特征。[81]

第五节　服装成本

穷人可以获得贵族和圣徒捐赠的衣服，仆人和奴隶们可以获得主人提供的衣服，那么，普通的拜占庭民众是如何获得衣服的呢？他们是通过购买还是自己制作呢？学者塞西尔·莫里森（Cecile Morrison）和吉恩·杰内特（Jean Cheynet）通过整理大量的资料后，为我们展示了当时的服装价格和个人的薪酬情况，这让我们可以窥见当时服装行业整体的经济状况。[82]我们根据塞西尔·莫里森和吉恩·杰内特所提供的信息，可以推断当时制作一件普通服装的大致成本。需要说明的是，本书主要讨论的是奢华服装的价格，这类服装多是由奢华的材料制成，反映的是公元7—12世纪的高级服装的价格和富人们的经济状况。《礼记》中指出，由丝绸制成的丘尼克的价格约为12个诺米斯马塔金币。公元11世纪的资料表明，一件有金线刺绣的斯卡拉曼吉翁的价格约为20个诺米斯马塔金币。[83]根据公元11世纪的中产阶级犹太人的婚约可知，一件绣花长袍的价格是2个金币，两件普通的女式长裙是1个金币，[84]由此可见，女式长裙的价格较低，长裙上面可能也有简单的装饰。据此，我们可以得到普通拜占庭民众服装价格的一个近似值。

根据塞西尔·莫里森和吉恩·杰内特的研究，并结合当时的收入情况可知，即便是最便宜的服装也超出了拜占庭中下层民众的购买能力。例如，公元620年左右，一位君士坦丁堡的商人每年仅赚得15个诺米斯马塔金币，如果这个人想要养家糊口，那么他就不能够随便用有限的收入来购置服装，即便是最便宜的服装也不行。

公元8世纪埃及建筑商的薪资也差不多如此，公元12世纪君士坦丁堡的仆人的工资更低，仅有6个海皮拉金币。[85]根据尼古拉斯·奥伊科诺米德斯对拜占庭晚期遗嘱清单的研究可知，平均每个中产阶级家庭会在遗嘱中列出2~3件衣服，每件衣服的平均价格是2~6个海皮拉金币。[86]通过对比拜占庭早期的两份遗嘱的研究，即一份精英阶层富有者的遗嘱和一份非精英阶层普通民众的遗嘱，结果表明，来自意大利拉文纳的富人拥有2件丝绸衬衫、1件彩色衣服、1个华丽的装饰别针菲比拉和1条亚麻裤子；而同样来自拉文纳的普通民众盖尔迪特（Guerdit）则拥有1件“旧的染色衬衫……（1件）有装饰的衬衫……（1件）旧外套……（1件）旧的厚实的短款斗篷。”[87]当然，这些人实际拥有的衣服数量应该多于遗嘱中所列出的。另外，拜占庭式的衣柜确实很小，而且对于那些没钱的人来说衣柜就更为简单。虽然，这种经济分析不是很科学，也没有考虑通货膨胀的影响，但还是在一定程度上显示出了服装制作成本与服装购买价格之间的差距。对于普通人来说，服装是昂贵的奢侈品，劳动阶级必须通过商品交换和劳动服务来换取服装，当然，他们也会自己动手制作服装，还可以获得二手的服装。

学者彼得拉·斯吉斯坦因（Petra Sijpesteijn）在整理分析早期伊斯兰纸莎草时，曾收集了许多家庭自己制作衣服的资料，[88]这与拜占庭家庭的情况很类似。在本章的前几节已讨论过圣徒为穷人制作衣服的情况，这也表明许多人是有能力在家制作衣服的，尽管还是要考虑布料的成本，但这至少比买来的衣服要便宜。在某些情况下，人们可能自己织布，因为只需要承担纱线的成本就可以了。在拜占庭世界中确实有“以物易物”的交易形式，并作为次要经济形式而存在，这一交易方式可能也成为一些人获取服装的主要手段。但在文本记载中，除了记录重要市场和集市上发生的事件外，其他交易形式几乎没有被记录下来。[89]非精英阶层的服装的另一个来源是二手服装。根据拜占庭遗嘱清单可知，使用过的服装会继续传给家庭的其他成员，甚至是奴隶和佣人。如尤斯塔修斯·博伊拉斯给他众多奴隶中的一位留下了土地，以及“个人衣物和床上用品”等。[90]还有，上文提到的来自拉文纳的普通民众的衣服被描述为“旧”，这意味着这些服装已经被使用过，是二手的。[91]根据这些材料推测，非精英阶层可能只拥有几件便装，以适应不同的季节和气候，而且这些便装一直会穿到破损为止。

小结

公元8—12世纪的拜占庭绘画中所描绘的穷人和劳动阶级的模式化图像，在某种程度上也表明了当时的社会对非精英阶层的态度。首先，拜占庭手抄本要求画面要表明区阶层和等级，例如，在“巴拉姆和乔斯福的故事”场景中，修士巴拉姆给乔斯福讲了一个善良的播种者的寓言故事，画面中的播种者穿着单肩的丘尼克，脚穿靴子，这与乔斯福华丽的衣服形成鲜明对比。另外，画面中富有的年轻王子代表着忠诚，播种者则代表着贫穷。藏于阿索斯圣山依维隆修道院的手抄本中也以相同的形式表现了这个寓言故事（Mount Athos, Iveron Monastery, MS 463, fol. 20r）。藏于梵蒂冈教廷图书馆的《巴西尔二世的教会服务书》中，圣卡皮托利娜（St. Capitolina）和圣埃罗泰德殉难时，刽子手那裸露着的肩膀很容易让人联想到那些因体力劳作而流汗的劳动者的形象，这与即将死去的圣徒相比，显得不够严肃庄重，这也正是插画艺术家的意图所在（Vat. Gr. 1613, fol. 143）。

由于手抄本是精英阶层专属的奢侈品，所以在描绘劳动阶级时并不需要十分准确，因为他们永远都不会成为故事的主角，艺术家只选用了非精英阶层的代表形象来凸显主角在画面中的地位，主角永远是圣徒、朝臣、英雄、皇帝和皇后等精英阶层，例如《巴西尔二世的教会服务书》中的士兵就永远是圣徒的配角（Vat. Gr. 1613）。《格雷戈里·纳齐安祖斯的布道书》中所出现的各种非精英阶层的形象都是为了说明布道的具体内容。还有，在不同版本的《格雷戈里·纳齐安祖斯的布道书》中都描述了春天景象，艺术家专门绘制了牧羊人和农民来表现田园风光，牧羊人和农民并没有出现在文字中，艺术家只需要绘制出类型化的非精英阶层的人物形象，就能轻松地表现出田园景象，而不再需要绘制其他内容。正如上文所述，卡帕多西亚的教堂壁画会以当地的普通民众为原型，塑造出了约瑟夫和其他圣经人物的形象。这些教堂是由卡帕多西亚的贵族或修士们委托营建的，但这些图像却吸引了当地大量的农业人口。也许因为画面中的这些小人物远没有基督重要，所以艺术家们才获得了较大的创作许可，充分发挥了自己的艺术想象。

穿着标准化和模式化服装的普通人物也起到了美化画面的作用，他们的服装通常会使用明亮的色彩，有时服装上还有华丽的装饰图案，甚至使用金色来突显华丽的丘尼克下摆。可以想象，如果这群劳动阶级穿着未经装饰的、色彩暗淡的羊毛和亚麻质地的服装，脚上穿着磨损不堪的靴子，就不会起到美化和装饰画面的作用了。如果不是拜占庭美学的要求，那么这种描绘方式就不可能出现在手抄本或教堂壁画中。

尽管拜占庭非精英阶层的服装都有规范要求，但有时文本记载和图像描绘也会打破这种规范。虽然在许多情况下，劳动阶级都穿着短款的丘尼克，脚穿靴子，但在《教皇之书》中的所有民众都可以穿短款的衣服，富人也会穿短斗篷，因为当时的紫色染料仅允许染斗篷，“较短的衣服”也可以用紫色染料，这表明了短款衣服在当时的流行。[92]学者蒂姆·道森在研究宫廷服装时指出，《礼记》中出现了一个与斗篷和丘尼克一起使用的服装术语“玛雅沃斯”（Mayavos/paganos），“玛雅沃斯”指的就是短款的服装。[93]在手抄本《论狩猎》中，我们看到了更加丰富的服装种类，如一位属于非精英阶层的象牙雕刻师就穿着一件长款的丘尼克（Ven. Mar. Z 479, fol. 36r）。《论狩猎》描绘了劳动阶层服装的多样性，不仅仅下摆的长短各不相同，还出现了不同款式的鞋子和帽子，这不同于其他手抄本中的服装。虽然它们不一定是对真实服装的记录，但至少说明非精英阶层的服装要比我们想象的更加丰富。

根据拜占庭文献可知服装上存在着性别差异，但在图像中的性别差异并不明显。由于图像中女性形象的模式化和简单化，没有为我们提供可以识别性别的服装信息。同时，要求女性端庄谦逊的社会习俗在实际生活中并没有被严格遵守。我们必须注意，文献资料中指出了男性和女性的丘尼克和斗篷等，它们在剪裁方式与装饰部位等方面都存在着细微的差异。

最后，艺人构成了非精英阶层中一个特殊的类别，他们的服装不能体现出所处的社会阶层。演艺行业需要专门的表演服装，根据目前唯一的关于演艺行业的资料可知，在公元6世纪的《秘史》（*Secret History*）中记录了当时的各个派系都支持马戏表演，他们一定会为马戏表演者提供专门的服装。[94]然而，在科林斯陶器（Corinthian pottery）上的乐师形象中，乐师们那些花哨的服装应该不是朝臣们提供的。我们在艺人身上看到了服装的多样性，这种现象在非精英阶层中是不常见的。

非精英阶层的收入非常有限，他们所拥有的服装数量和精美程度也都很有限。然而，从拜占庭图像和文本资料中可以看出，非精英阶层是可以自由选择不同风格服装的，这就表明了无论男女，对服装的选择是由时尚决定的，而不是由功能决定的。

第五章
遗存的服装残片

本章将讨论拜占庭服装研究中的重要材料——幸存下来的服装残片。由于纺织品极其脆弱且难以保存，想要完整地保存一件中世纪时期的衣服更困难，目前没有一件完整的拜占庭中期的服装保存下来。除了纺织品本身易碎的特点外，当时拜占庭重要的纺织品库存还时常遭受掠夺，这也造成了拜占庭服装遗存的缺失，特别是公元13世纪初期，大部分的拜占庭织物都被掠夺。让·德·维拉哈杜恩（Jean de Villehardouin）专门记录了十字军从君士坦丁堡帝国金库中掠夺走了大量的黄金、白银和宝石等，同时还掠夺了大量的绸缎和丝绸，以及毛皮等贵重织物和服装。还有，拜占庭的衣物和纺织品都要不断地被重复使用，或是传给子孙后代，或是捐赠给教堂或修道院，直到衣物和纺织品极为破旧不能继续使用为止，这也造成了拜占庭衣物遗存的缺失。教会的法衣是个例外，目前保存下来的法衣中有来自拜占庭中期的遗存。[1]教会服装只在某些特定的礼拜场合才会穿着，之后便被存放起来，因此这类服装的磨损程度远远低于普通民众的世俗服装。[2]在目前保存下来的一些服装碎片中，仅有极少量的碎片来自拜占庭中期。

第一节　遗存织物碎片目录

目前，遗留下来的拜占庭中期的丝绸织物共有75件，但大部分并不属于服装。[3]在埃及地区出土了数百种拜占庭的羊毛织物和亚麻织物，其中大部分曾作为服装的装饰部分使用，如条纹装饰带克拉比和圆形装饰图案等。[4]但是中世纪亚麻或羊毛质地的长袍碎片却已不复存在。庆幸的是，比亚麻更珍贵的丝绸碎片被保存了下来，但公元8—12世纪完整的丝绸服装并没有保存下来。

正如引言所述，拜占庭中期的织物已经得到了学界的普遍关注和研究，但学者们主要是针对织物结构的分析，也有学者试图追寻这些织物碎片的来源，由于伊斯兰、中亚和拜占庭纺织品之间的高度相似性，所以探讨来源是一项十分艰巨的任务。目前仅有一小部分的织物保存了原始的用途，例如作为悬挂铭文的织物，或作为皇帝墓志铭的织物等，纺织品学者还没有解释清楚大部分织物碎片的原始用途。本章附录中整理了幸存下来的织物碎片，并一一列举，这些织物很可能曾是服装的组成部分。

第二节　目录的标准

由于纺织品在中世纪有着多种用途，远远超出了今天我们所了解的使用范围，所以在编制目录时需要非常谨慎。本节主要是对公元8—12世纪在拜占庭帝国边境地区织造的纺织品进行了整理，而那些不能确定产地的纺织品则不在本节的讨论范围内。另外，太碎小的织物残片由于无法推断其原始用途，也不列在本节中研究。还有，在近期的考古发掘中陆续出土了衣物碎片，但由于目前尚未对这些碎片进行检查，相关的考古报考尚未刊布，因此这类衣物碎片也不列在本节的研究中。[5]在讨论织物碎片时，本节将通过对比周边地区的织物，及幸存下来的、较为完整的拜占庭晚期的织物来展开研究。

本节所讨论的织物碎片表现出了以下一种或多种特点，这些特点都说明了它们曾经是服装的一部分：

（1）存在某种接缝。

（2）织物图案的尺寸很适合服装的体量，而不是过大的不能穿着的图案尺寸。

（3）织物上有曾经穿着的磨损痕迹。

（4）符合服装的裁剪工艺。在许多织物碎片上有大型的装饰图案，如果按其循环结构进行还原后发现，这类图案无法在衣服上完整地呈现出来。同时，通过对比一些幸存的厚实的织物，可以确定这类织物碎片原本应是用作地毯或壁挂类的纺织品，所以这类织物碎片被排除在本次研究之外。

（5）根据织物碎片上的某些信息，我们可以推测出它曾是衣服的一部分。

以上标准中的第五项是很难确定的，因为我们的标准是基于对服装的认知来确定的，并不是基于历史事实。然而，一些织物碎片通常还会与皇帝或圣徒等的故事联系起来，成为关于一件衣服的传说，传说一直流传下来，即便传说与衣服的联系并不十分可靠，但这至少也说明了织物碎片曾经是衣服的一部分。

在第一个标准中，只有附录编号为5和编号为11的两块织物残片的接缝表明它们曾经是服装的一部分。中世纪服装的接缝很少，不会像今天的服装那样会在腰部、胸部和臀部等多处剪裁后形成接缝。一般来说，中世纪服装只会在侧面进行缝合，如丘尼克将袖子和领口处进行缝合后，沿着两边的侧缝将前后片缝合起来。[6]此外，纺织品经销商通常会剪掉织物残片的接缝，使其更漂亮、更畅销，例如，在美国纽约的库珀·休伊特博物馆（Cooper-

Hewitt Museum）收藏的8件织物残片中，有4件就被裁掉了接缝。[7]安娜·穆特修斯（Anna Muthesius）刊布了两件有接缝的织物残片，其中一件收藏于意大利拉文纳的大主教博物馆（Museo Arcivescovile），这件织物残片为黄色，上面有两条紫红色的克拉比装饰条纹，克拉比是长袍上的常见装饰（附录11）。[8]安娜·穆特修斯认为藏于意大利的这块织物残片很可能是教会服装的一部分，因为它与其他织物一起发现于主教的石棺中，[9]但并没有任何图像或文献资料证明它确实属于一件教会服装，因为非教会的服装也会经常在教堂中被使用。[10]安娜·穆特修斯所说的第二件织物残片来自锡安大教堂（Sion Cathedral），这件残片的两边都有接缝，可能是长袍的下摆，[11]这也说明它原本是件衣服（附录5）。安娜·穆特修斯根据残片的存放地点和宽大的下摆判断，它应该是教会服装的一部分。但需要注意的是，织物上的狮鹫图案是世俗服装中的常见图案（本章稍后进行讨论），而宽大的下摆可能出现在拜占庭任何样式的服装中，如世俗服装卡巴迪翁（kabbadion）就有宽大的下摆。来自拉文纳和锡安大教堂的织物残片，以及织物上的接缝，的确说明它们原本是服装的一部分，但它们很可能是世俗服装的一部分。

纺织品上的图案是我们确定残片是否曾作为服装一部分的重要依据，也是我们判断是否属于世俗服装的重要标准。附录中所列出的每一块残片上都有小型的装饰图案，除了上文讨论的附录11中是克拉比装饰条纹外。幸存下来的公元8—12世纪的大部分织物上都有大型的装饰图案，它们应该是覆盖墙壁的壁毯。[12]附录中所列出的织物上的图案多呈四方连续式排列，图案大小也很适合装饰服装，例如附录3的织物残片，尺寸约为33厘米 ×20厘米，织物中心位置上装饰有两头公牛，在中心位置的上方和下方还有两头公牛，据此推算还原，在这件衣服的肩部和下摆之间，至少装饰有四排公牛图案。[13]在横向上，两头公牛会铺满衣服的宽度，在纵向上，两头公牛成排地纵向出现在胸部、腰部、膝盖和下摆的位置。藏于梵蒂冈的一件织物上也有以相同方式排列的图案，图案的单元装饰形式是在圆形团窠内填充了猎人的形象，如附录7，这就形成一个直径约为42.2厘米的狩猎团窠纹，这个高度相当于女性躯干的长度，据此推算，如果狩猎团窠纹布满整个长袍，那么，在女子的肩膀至脚踝的位置，将会排列3~4个团窠图案。

图像资料也表明，这些织物残片上的四方连续式的团窠图案很适合装饰服装。例如，本书第三章所讨论的萨利姆·基利斯教堂壁画人物的卡夫坦（图14），上面装饰有三个圆形的团窠图案，图案纵向排列后的长度与卡夫坦的长度相吻合。另外，第三章所讨论的卡斯托里亚的安娜·卡兹尼茨的服装图案（图16），她的斗篷上装饰有四个叶片状的椭圆形装饰图案，图案与斗篷的长度和宽度都吻合。本章附录中织物残片上的图案大小和排列方式，不仅与人体比例和服装尺寸相适应，而且也与绘画中服装图案的形式和尺寸相接近。

附录中所列出的织物残片，每一件都很轻薄，适合行动。同时，每件织物都有近似的结构，通过纬线在织物上形成对角线的斜纹织物。[14]这种结构在公元9世纪以后很普遍。[15]虽然平纹织物、兰帕斯织物（lampas）以及缎纹织物等，都常常被用来制作服装，但在拜占庭中期兰帕斯织物还没有被广泛使用，缎纹织物也极少。[16]附录中织物残片的编织方法和重量都很适合制作服装。

该附录中几乎所有的纺织品都曾出现在拜占庭作家们的文字描述中。早在公元5世纪，拜占庭作家就描写了在服装上表现福音故事，里面有动物形象和人物形象。“（在服装上）你可以看到狮子和豹子、熊、公牛和狗、森林和岩石、猎人，（简言之）模仿自然的一幅绘画作品……虔诚的富人和女人……（有）福音书的故事……”[17]考虑到拜占庭帝国早期、中期和晚期纺织品图案的延续性，到了拜占庭中期，这种描述也应该是成立的。另外，在四块织物残片中（见附录1、附录5、附录9和附录13）都出现了狮鹫图案，这应该是拜占庭世界的流行图案。

总的来说，动物图案是非常受欢迎的，特别是狮鹫图案（附录3、附录7、附录10）。君士坦丁七世曾专门提到一件饰有公牛的衣服，类似的图案形象还出现在了荷兰圣瑟法斯（St. Servatius）教堂收藏的丝绸织物上[18]（附录3）。尽管这件织物图案不一定就是君士坦丁七世所提到的服装图案，但可以帮助我们想象当时宫廷丘尼克上的装饰图案的基本形态。君士坦丁七世还曾提到过其他几件服装，上面都装饰有鹰和狮子等动物形象。[19]

在四件服装残片中的图案形式比较相似，主要是由叶片或几何纹样形成一个圆形环，中间填充动物纹样，如狮鹫等，整体形成一个团窠样式。在检索完所有幸存的拜占庭纺织品后发现，在纺织品中最受欢迎的骨架样式就是圆形团窠。在本书所提到的壁画肖像画中，人物服装的图案也基本是圆形团窠的样式，这是很适合装饰服装的图案样式（详见本书第三章中所提到的例子）。

在附录中所列的几件残片（附录4、附录6、附录7、附录8）中，还出现了人物形象，如附录4的图案是皇帝的肖像，附录6是王子的肖像，在附录7中是猎人的形像，骑马狩猎的猎人出现在了圆形团窠内，在附录8中出现了手持长矛的猎手形象，附录8是所谓的“迪奥斯科里季斯”（Dioskurides）丝绸。在拜占庭文本中也有对这类丝绸图案的记载，如在公元1196年的一篇演讲稿中，就记载了图案中有帝王的肖像，以及狩猎的猎人形象：

> 皇帝（应该）出现在公共的绘画艺术中，他在紫色长袍和王冠的绚丽色彩的衬托下显得十分威严，从而提升了帝国的荣耀。对这些……一些画面中添加了被征服的野蛮人形象，另一些则描绘了胜利者为他们加冕的场景。还有一些画面，描绘了猎人瞄准野兽的场景，画面中有各种各样的动物形象。我们要赞扬这些事情，以便使皇帝的影响更加持久。[20]

约翰·马拉拉斯描述了波斯国王所穿的一件公元6世纪的服装，上面饰有皇帝贾斯汀的肖像。[21]附录中残片上的许多图案都是具象图形，这些服装可能是为富裕人群专门制作的。

在附录2和附录12的织物中，出现了抽象的叶形图案，这类图案也出现在了文字记载中。例如公元5世纪的一篇关于纺织的文章中指出，织物上发现了“……各种动物和人物形象的图案，一些狩猎和祈祷的场景，还有树木植被的图案……”[22]事实上，在拜占庭织物上通常都有精心设计的棕榈叶的图案，叶子和藤蔓卷曲交错形成复杂的图案样式，正如附录2和附录12的织物。

还有一个重要的标准，就是与织物有关的传说。其中有三件织物（附录11、附录9、附录2）被认为是服装的一部分。附录11和附录9的织物出土于墓穴中，这表明它们曾是死者的衣物。附录2的织物据说是奥托一世衣钵的一部分，但不幸的是，无法进一步证实织物与奥托一世的关联。前面已经说过，附录11的织物是在1950年发现于意大利拉文纳港口卡拉斯的圣阿波利纳雷教堂（St. Apollinare in Classe）中的石棺内；[23]附录9的织物，据说出土于科隆的圣维文蒂亚墓地（St. Viventia in Cologne），[24]它们与圣阿波利纳雷（St. Apollinare）的丝绸不同。如今，附录11和附录9这两块残片分别藏于意大利拉文纳的阿尔西夫斯科维尔博物馆（Ravenna, Museo Arcivescovile）和科隆的施努根博物馆中（Schnütgen Museum in Ko ln）。此外，目前还无法确定附录2的具体出处。必须确定这些织物与某一时期服装的相似之处，才能进一步确定其最初来源。附录中的每一块织物残片都至少符合以上所提出的三个标准，这也说明了它们的确曾是衣服的组成部分。

第三节　比较研究

幸存下来的一组衣物实物可以帮助我们想象中世纪拜占庭的世俗服装。埃及出土了大量拜占庭的服装，其中有完整的亚麻布质地的丘尼克，也有帽子和鞋子等。[25]在希腊的米斯特拉（Mystra）出土了拜占庭晚期的一整套服装，这是一名年轻贵族妇女的衣服，有长裙、作为内衣的丘尼克，以及鞋子和头饰等。[26]一位埃及努比亚（Nubian）主教，也就是伊卜里姆的提摩西奥斯主教（Timotheos of Ibrim，公元1372年祝圣），他在下葬时穿着普通人的长裤，以及神职人员的白色长袍，并披着带兜帽的斗篷。[27]对服装史学家来说，最令人兴奋的发现之一是位于高加索的莫斯切瓦贾·巴勒卡墓地，在20世纪间歇性的挖掘中，出土了若干件服装和配饰，[28]这些服装很可能是要运往公元8或9世纪的君士坦丁堡，尽管这些服装并不是拜占庭生产的。[29]通过这些出土实物，我们可以想象拜占庭中期的服装形态，当然在不同的地区和时代，人物喜欢的服装样式也不尽相同，另外，由于气候和材料的特性，也决定了拜占庭服装与这些出土服装之间存在着一定的差异。

埃及出土的拜占庭服装的数量较多，在这里无法逐件进行梳理，但可以进行一般性的观察，因为公元3—7世纪服装的风格和类型几乎没有任何变化。在埃及出土的许多帽子中，以包头巾和羊毛帽为主，这可以与第二章和第四章的绘画作品中的头饰相比较，但在附录中所列出的织物残片都不属于帽子。埃及还出土了像篮筐一样编织而成的鞋子，鞋子都由皮革制成，而不是纺织品制成。本书第一章中所讨论的一双布鞋是来自德国的，鞋上有绿色和黄色相间的小圆形图案，鞋子图案与附录中织物的图案非常相似。

突尼斯出土的拜占庭服装的数量最多，这些服装几乎都用亚麻布制成，服装样式都呈一个大型的T形，服装上有羊毛装饰。突尼斯出土的大部分服装为米白色的丘尼克，也有少量红色的，有些丘尼克上还有克拉比装饰条纹，有些丘尼克上有红色、绿色、黄色相间的圆形图案，也有黑色、蓝色、紫色和白色相间的点状图案。突尼斯丘尼克上的克拉比与拜占庭中期服装残片上的基本一致，配色方法也大致相同，如最受欢迎的是红色，其次是黄色和绿色，其他颜色则较少使用。需要注意的是，突尼斯的服装不能直接与拜占庭中期的长袍残片进行对比，因为拜占庭长袍基本都是由色彩鲜艳的华贵丝绸制成。亚麻布是埃及的特产，因此这片区域所出土服装基本都使用了亚麻布。在拜占庭中期，埃及不再是拜占庭帝国的一部分，来自埃及的织物和服装的数量在拜占庭帝国也开始大幅度下降。拜占庭中期的织物残片主要出土于墓葬，这些织物残片之所以能在帝国国库和博物馆中保存下来，是因为它们的材料贵重且装饰华丽。

在希腊的米斯特拉的圣索菲亚（St. Sophia at Mystra）教堂发现了一位拜占庭精英阶层的女性贵族墓，时间约为公元15世纪初，这名女性穿着一件无袖长裙，下面穿一件丘尼克，脚穿皮鞋，还有一顶丝绸质地的王冠。[30]这件长裙明显受到西方服装的影响，正如本书第三章所讨论的卡斯托里亚地区女性的长裙样式，合身的紧身胸衣将长裙变成了A字形，长裙的面料和图案都很精致华丽。在长裙残片上有花卉装饰图案，图案骨架为交波形，内填花卉，骨架之间有小型的叶状图案。这件丝绸质地的长裙为单色，现在呈现出红褐色，长裙的衬里用羊毛或亚麻制成，残损严重。这件丝绸长裙上的图案与拜占庭中期的富人们的服装图案基本一致，如在卡斯托里亚的安娜·卡兹尼茨的肖像画中的服装图案（图16），就与这件出土的长裙残片表现出很多相似之处。

这位希腊贵族女性下面穿的丘尼克有着宽大的袖子，整体呈一个大T字形，丘尼克也是单色的丝绸质地，可能未经染色，在肩部位置饰有菱形图案，在肩部以下的位置饰有简单X形的几何图案。她脚上穿着皮鞋，上面有丝线刺绣装饰，她的头发编成辫子状，上面是丝绸质地的王冠。整套服装，特别是外面的长裙样式，应该与意大利和法国服装有着密切的关联，在当时希腊的米斯特拉地区，有很多人都效仿西方的服装样式和图案风格。[31]而在卡斯托里亚地区也出现的这种相似性则说明，中世纪拜占庭的织物同样也影响着西方世界。此外，在这座希腊女性贵族墓中还发现了拜占庭晚期的服装，这让我们看到了从拜占庭中期开始，不修饰身材的丘尼克逐渐向着更合身的长裙转变，但到了拜占庭晚期再没有进一步的发展。

1964年在埃及发现了公元14世纪努比亚主教的墓葬，即伊卜里姆的提摩西奥斯主教，墓葬保存完好，主教全身裹着裹尸布，[32]墓葬中还出土了丘尼克、斗篷、裤子、腰带等服装。墓葬中主教的丘尼克为白色，他的斗篷上还带有兜帽，这可能是教会神职人员的专用服装，他头上戴有面纱，学者伊丽莎白·克劳福特（Elizabeth Crowfoot）认为这是属于埃及科普特教会的一种类似于包头巾的主教帽。[33]然而，主教的裤子和腰带并不是宗教服装，裤子和腰带都是用未经染色的虎斑棉制成，在拜占庭中期，棉花并不为拜占庭人所知，但在埃及信奉基督教的教徒中却被普遍使用，尤其在努比亚地区。[34]裤子应该是被用作内衣使用的，采用了最简单的平纹织物，平纹织物在拜占庭早期很常见，但到了拜占庭中期几乎不再使用。这条裤子是直筒型的，胯部比较宽松，腰部也很宽松，需要用腰带进行固定。在本书第四章中所讨论的几幅手抄本插画中，出现了腿部很紧的紧身裤，裤腰与上面的丘尼克重叠在一起，也许在紧身裤的臀部位置也是宽松的。插画中紧身裤的腿部似乎比墓葬中的裤子更紧，目前还很难确定这种差异到底是在公元14世纪出现的新变化，还是插画艺术家的自我想象。无论如何，这条裤子说明了在丘尼克下面会穿的裤子的搭配方式。

位于高加索和拜占庭首都之间的贸易路线上的莫斯切瓦贾·巴勒卡墓地，出土了18件贯头长袍。这些服装是前往拜占庭进行贸易的商队的货物，货物主要包括了公元8—9世纪的中亚服装。[35]这些服装并不是拜占庭生产的，但却运往拜占庭，这也反映出了拜占庭人的衣装品位。除了少数服装外，该墓葬中的大部分服装都与拜占庭肖像画中的服装相类似，如2件卡夫坦、1件短夹克、2件斗篷、2件丘尼克、1条裤子、1对长及膝盖的肖斯，1双毛毡鞋、1条包头巾、1只童鞋、1只手套和5顶帽子等。这些衣服主要由亚麻和丝绸制成，除了鞋子，1双毛毡鞋是由毛毡和皮革组合而成，1只童鞋是由亚麻、丝绸和皮革制成的。其中的4件衣服（1件卡夫坦、2件斗篷和1顶帽子）里面都衬着松鼠皮和羊皮，正如第四章所述，毛皮与农村生活的人相关，这辆满载货物的大篷车行驶在黑海以北，同时毛皮的出现也表明了这些服装将会在天气寒冷的地区使用。

莫斯切瓦贾·巴勒卡墓地的发现体现了拜占庭人对面料和服装的喜好。莫斯切瓦贾·巴勒卡墓地出土的服装类似于埃及出土的服装，衣服的边缘有装饰图案，有些图案是象征性的，并巧妙运用单色进行装饰。在莫斯切瓦贾·巴勒卡墓地出土的一件袍服的袖口和衣领位置有格里芬图案，在一件男子的卡夫坦上也有格里芬图案，格里芬是这批出土衣物的常见图案，在拜占庭服装残片中也经常出现格里芬。在该墓地出土的许多衣物上还出现了几何图案，如条纹、圆点、菱形、抽象的叶子和花卉等图案。值得注意的是，衣物的主要颜色是黄色和绿色，还有一些是红色和蓝色。在拜占庭织物中红色最受欢迎，也许因为红色是帝国服装的专属，在幸存的服装残片中，黄色和绿色是仅次于红色的第二大色系。莫斯切瓦贾·巴勒卡墓地的服装与拜占庭中期的服装残片非常相似，特别是在面料质地、颜色搭配、图案形式等方面。此外，服装样式也基本相同，如卡夫坦和斗篷的样式在拜占庭也很常见，但有些服装的纽扣和剪裁略为复杂，如有一件出土的短夹克，其与卡斯托里人和格鲁吉亚人的服装更加相似。这些出土的服装基本上是宽松型的，与本书所提到的大多数拜占庭服装一致，出土的帽子和拖鞋状的鞋子也与拜占庭绘画中的样式基本相近。

小结

拜占庭壁画中肖像画中的人物服装说明，拜占庭贵族精英阶层喜欢华丽繁复的图案形式。然而，在埃及的情况却恰恰相反，那里出土的丘尼克大多是朴素的，只有装饰条纹，或是仅在衣领、袖口和下摆等位置做简单的装饰，努比亚的发现也是如此。莫斯切瓦贾·巴勒卡墓地出土的服装上有各种装饰图案，幸存的拜占庭中期的服装残片也有类似的精美图案。

拜占庭人很喜欢装饰有动物、花卉和人物形象的图案，图案的色彩鲜艳华丽，样式繁复密集，在拜占庭文献中也有相关织物的记载，拜占庭人在穿装饰有这些象征性图案的服装时，也会倍加小心。当拜占庭织物进入西方世界时，西方人将其视作外交礼物或战利品，表现出了对这种华丽图案的渴望和喜爱。如前所述，艺术品经销商通常仅保存饰有图案的织物，而丢弃了其余部分。埃及独特的气候条件使得普通服装得以完好地保存下来。在本章的附录中，主要整理的是有装饰图案的服装残片。

在附录中，服装残片上的图案代表了拜占庭精英阶层的时尚喜好，这是为满足他们的需求而专门设计的一种图案形式，后来发展成为一种流行图案，在拜占庭文本中也表达了对这类图案的艳羡之情。所以，正是基于欲望和喜好，才构成了拜占庭的时尚。虽然仅根据这个附录来推断当时的时尚面貌是不全面的，然而，这些饰有华丽图案服装的流行，还是表明了拜占庭人对服装的喜好，以及积极的时尚态度。[36]

与公元8—12世纪肖像画中的服装以及与文字记载中的服装一样，这些服装残片应该是专属于富人阶层的，这些残片都是由丝绸制成，上面都有华丽的图案。由于附录中所涉及的残片数量极为有限，且装饰图案不完整，这个附录仅是拜占庭服饰研究的起点，随着研究工作的不断推进，以后将会有更多的信息呈现出来。

本章提出的标准也促使人们重新思考如何使用这些服装残片。残片的图案、重量、组织结构、比例和接缝等，都可以被视为服装的局部，而不仅仅是面料。虽然无法推测出这些残片曾经所在的服装部位，但根据前几章的研究结果，我们基本可以对拜占庭服装的外观形态有了一个较为清晰的认识，如拜占庭服装的颜色鲜艳，图案繁复华丽，这也说明了当时良好的经济状况。同时大部分服装都很宽松，几乎没有剪裁，所选择的面料轻薄，这说明在大多数情况下，人们用来保暖的方式是多层次的穿着，而不是穿厚实的保暖织物，当然，有时也会穿毛皮保暖。随着时间的变化，服装图案并没有发生太大的改变，在色彩上，始终以饱和鲜艳的色彩为主，如在13种织物中就有7种是以红色为主，其次是深蓝色或绿色，各种深浅的黄色也很常见。

在本次研究中，我发现很多博物馆收藏的织物残片不仅没有出版，而且也没有编目，这都增加了研究的困难。[37]我相信，随着博物馆对其织物残片的重新审查和编目，以及考古工作对出土织物报告的刊布，以后一定会涌现出更多的服装残片。同时，我也希望通过本章提出的几个判断服装残片的标准，使其能有效区分出服装残片与其他类型的织物残片，进而推动拜占庭服装的研究。

结论

通过拜占庭壁画和手抄本插画中的人物形象，我们可以观察到拜占庭服装的基本规范要求，这可能也是拜占庭社会中服装的真实使用情况。拜占庭帝国皇室的服装体系包括长袍、罗鲁斯、提兹加、王冠等这些象征等级和财富的服装，虽然这些服装并不经常穿着，但却作为帝国的标志被广泛应用于各类图像中。皇帝和皇后穿着相同的、不分性别的服装，其样式是从罗马帝国的传统服装中衍生而来，进而表明了他们是罗马帝国继承者。

拜占庭朝臣们也同样强调自己是对罗马帝国的行政机构和军事机构中的朝臣官职的继承，在重大仪式中他们的服装也表明了这一点，朝臣们通过适宜的服装清楚地表明了自己的官职和等级。大牧首佛提奥斯（Photios）在给保加利亚沙皇鲍里斯写的一封信中，建议鲍里斯要想获得臣民们的钦佩和支持，就必须穿非常得体的服装，以树立一个谦逊的榜样。[1]在这里的“得体”应该是指适合统治者工作的“商务装”。在菲洛修斯的《克莱托罗吉翁记》和君士坦丁七世的《礼记》中，也都提到了朝臣们在参加所有典礼仪式时，需要穿着得体适宜的服装。

艺术家们将服装的规范要求也强加给了绘画中的人物，这一点在表现非精英阶层的人物形象时最为明显，服装规范反映出了社会对非精英阶层的普遍印象，绘画中的服装可能反映，也可能不反映这个群体的实际穿着情况。还有一种情况，就是艺术家为了美化画面效果，将非精英阶层服装上的装饰图案或色彩经过了美化修饰。画面中非精英阶层的服装样式统一，大多数人都穿短款的丘尼克，这可能也是实际情况，但并不能全面地反映出非精英阶层服装的实际情况。

宫廷之外的边境地区的贵族精英们则会按照当地的文化环境来选择服装，他们会专门穿戴在当地具有象征意义的服装，如特定的贯头长袍、提拉兹装饰带、服装上的圆形团窠图案等，来表达他们的地位和财富。他们的选择也许是无意识的，但从他们的肖像画中我们可以读到这些信息。例如，在迈克尔·斯凯皮德斯的肖像中，他的服装配饰就巧妙地传达出了他的高贵身份，如他的佩剑就表明了他拥有拜占庭高级头衔，他的卡夫坦、提拉兹，以及包头巾又表明了他生活在卡帕多西亚地区，而他卡夫坦上的圆形团窠装饰图案又说明了他的财富和地位［图6（c）］。

绘画中的服装总是模式化的，同时，现实生活对服装有各种规范要求，但这并没有妨碍拜占庭民众们对时尚的兴趣，不断变化着的时尚潮流甚至还感染了朝臣和官员们，他们也拥有五颜六色的、各式各样的服装、帽子、刺绣装饰带等，这些时尚单品还逐渐成为他们服装的标志。随着时间的推移，即使是象征帝国的罗鲁斯也发生了变化，变得更容易穿脱，轮廓线条更加流畅，这其实也是一种时尚变化，而不是出于规定要求。时尚是约定俗成的服装规范在特定群体内发生变化后的结果。拜占庭的时尚主要发生在距离帝国首都最远的边境地区，边境地区贵族精英阶层就是这个特定群体，他们的服装更加多样化，既有从诺曼西西里到地中海东岸的服装款式，也有从亚美尼亚到伊斯兰海岸的各种新样式。边境地区的贵族精英阶层，既能在正式场合穿着优雅的服装，也能在画肖像画时穿着华丽的盛装。塞萨洛尼基的女圣徒狄奥多拉在自己极为虚弱时，曾要求女修道院的院长将自己的女儿转移到一个能提供服装的女修道院，因为她“无法忍受自己的女儿穿着廉价破旧的衣服。”[2]在绘画中，艺术家在描绘非精英阶层的服装时，常常与实际的规范要求存在偏差，这也说明非精英阶层的服装样式更加多样，即在绘画之外的现实社会中，在非精英阶层中也是存在时尚的。

拜占庭帝国存在着时尚，这一点可能会让现代读者感到惊讶，因为拜占庭首都的那些精英阶层、朝臣官吏、皇室随行人员等的服装都没有反映出时尚，而帝国边境的贵族阶层，以及其他国家的贵族阶层却成为时尚的制造者和传播者。同时，时尚的发展也与纺织技术的发展密切相关。

丝织业的发展首先始于伊斯兰地区，然后开始在拜占庭帝国的东部地区发展起来，并沿着丝绸之路传到了首都君士坦丁堡。当丝绸种植业被引进帝国时，君士坦丁堡很快建立起了帝国织造工坊，但在这里生产的丝绸通常并不是用于服装，而且也不会在图案设计或服装剪裁方面做出任何创新。另外，当时最引人注目的纺织品贸易会并不是在监管严格的君士坦丁堡举行，而是在希腊地区的塞萨洛尼基举行，即“圣德米特里奥斯博览会”（the fair of St. Demetrios）。诺曼人将长裙的样式引入了希腊地区，当诺曼人掌握了丝绸织造技术后便开始对时尚产生了更为明显的推动作用。财富本身并不能构成时尚，而将财富与泛地中海文化结合起来，才真正成为时尚发展的绿野沃土，“泛地中海文化”是除了纯粹的拜占庭希腊文化外的其他各民族文化的综合。

但这并不意味着拜占庭帝国皇室缺乏品位，不喜欢时尚，其实皇帝和皇室也很了解时尚，但他们的服装是与政治较量、帝国财富，以及与罗马帝国的继承等信息密切相关，这就使他们的服装明显区别于中世纪其他国家的君主们。同时，帝国的钱币、手抄本插画、纺织品和其他奢侈礼物中所描绘的皇室服装，都将这些信息传播到了欧洲和中东地区。

边境地区的贵族们在精心挑选服装时，不仅会基于他们的经济实力，还会基于他们对邻国服装的喜爱。边境地区的服装图案华丽精致，剪裁精确优雅，头饰丰富多变，边境地区是一个多民族混居的社会，这里的服装也体现出穿着者的权利和地位。

我们来使用查士丁尼和狄奥多拉的图像来总结一下拜占庭的时尚，服装是拜占庭文化的一个重要组成部分，[3]就像时尚是我们今天生活的一部分一样，拜占庭的服装规范也表明了时尚的存在。时尚是对于特定服装风格的渴望，服装的设计、创造和销售等各环节共同构成了时尚体系。那些认为文艺复兴之前不存在时尚的人们，普遍认为服装风格的变化并没有改变剪裁方式、装饰图案和面料质地的变化等元素都是为市场服务的，这并不能构成时尚，同时，他们也认为中世纪所有的服装款式基本相同，如丘尼克只是长度和面料的不同，富人穿丝绸质地的，穷人则穿羊毛质地的。

正式场合所穿的丘尼克和克拉米斯是拜占庭大多数公民的"商务套装"，包括女性在内。但是在卡帕多西亚地区，衣着考究的男性和女性的"商务套装"则是宽松的卡夫坦和包头巾。卡夫坦和丘尼克，相当于休闲裤和牛仔裤的差别，尽管剪裁相似，但是功能和穿着场合却不相同。在同时期的卡斯托里亚地区，如壁画中的约翰·勒米尼奥特斯穿着短袖的卡夫坦，并配有腰带，而女性则主要穿腰部收紧的长裙，男装和女装的剪裁方式是不同的，这也说明当时应该有专门的裁剪工艺师存在。

就像在高加索莫斯切瓦贾·巴勒卡墓地和希腊迈斯特拉的发现一样，虽然出土的衣物并不都属于拜占庭中期，但却表明了"时装设计师"的存在。在莫斯切瓦贾·巴勒卡墓地出土的短款夹克和短款修身的卡夫坦上都饰有狮身鹰首的格里芬图案，这应该是在客户的要求下专门制作的，将这些有设计感的服装出口到对服装有规范要求的拜占庭世界，也再一次说明拜占庭是存在时尚的。通过整理拜占庭中期的服装残片虽然不能判断出具体的剪裁方式，但却显示出了图案的设计思路，也呈现出了当时拜占庭民众对圆形团窠类或几何格纹类图案的喜爱，我们可以想象在拜占庭时尚体系中是有专门的面料设计师存在的。

另外，风格变化和品味追求是时尚体系存在的前提条件。但在前现代世界里，由于织造技术的局限，以及拜占庭对服装的反复使用，都使时装季变得更加漫长，我认为拜占庭中期就类似于一个时尚季。在拜占庭早期，服装曾发生过变化，另一次变化发生在公元12世纪，当时西方的服装风格涌入了帝国。到了公元13世纪，拜占庭首都君士坦丁堡还首次出现了伊斯兰风格的服装。由此可见，拜占庭的服装样式确实发生了几次大的变化，尽管这种变化极为缓慢，但这几次变化也说明了时尚的存在。

最后，我希望通过服装研究来为中世纪绘画的解读提供一些新的线索。现代人可能知道在不同地区的服装会具有不同的特点，但他们并不一定能够正确地了解拜占庭的服装特点。我们在观看拜占庭绘画时需要注意，中世纪的拜占庭人是了解绘画中的服装规范的，拜占庭人并不会对插画或肖像画只进行简单的解读，他们会将图像中的衣服、帽子、鞋子和皮带等都融入作品后来进行整体地解读。拜占庭艺术家们通过服装表达出了复杂的社会阶层，服装图像的背后蕴含着大量的信息。

服装可以帮助我们进一步理解肖像画。画面中那些“摆出各种姿势让人画像的人”的真实身份是通过服装来呈现的，而不是通过面部和身体特征。大部分观者并不知道最后的肖像画是否与本人的真实面容相似，观者并没有真正见过那些捐赠者或皇帝，肖像画与本人的相似性是通过标志性的服装来实现的。人物的职业、性别和财富都可以透过肖像画解读出来，进而识别出“摆姿势让人画像的人”的具体身份，对于那些处于画面背景中的非精英阶层也是一样的。

因此，绘画中所表现的时尚可以帮助观者进一步识别人物的身份。朝臣、皇帝、农民，以及女性的时尚服装，可以传递出“我是一个老练的军事精英”或“我是猎人的妻子”之类的信息，但由于绘画的局限性和我们对时尚的有限知识，画面中的很多信息还没有完全被解读出来。

如今，时尚也会被用来表现电影中的人物角色，也会成为《名利场》（*Vanity Fair*）等时尚杂志上的评论话语，人们可以通过服装来区分出一个富裕的得克萨斯石油家庭与一个从事烟草业的纽波特家庭的差别，尽管两者的收入相当，但他们的服装并不相同。对服装的研究也使拜占庭学者能够在绘画中做出类似的区分，例如，尼基弗鲁斯三世・布林尼乌斯的服装是将其与朝臣们区分开来的重要依据（图3）。另外，表演者的服装与拜占庭的关于性道德的论述交织在了一起，这让我们解读“耍蛇人”和“米里亚姆舞者”的图像时都有了新线索。在几本拜占庭手抄本中，手抄本封面中的女性形象为我们提供了关于女性道德规范的知识，但这并不一定是现实的反映。绘画中的服装规范对我们来说可能是神秘的，但有助于我们拓宽对拜占庭艺术作品的理解。

在拜占庭服装研究方面还有更多的工作要做。语言学家和艺术史学家们需要解决服装术语的问题，这些术语目前还是很不清楚的。阿拉伯语专家可以进一步了解希腊语中的一些服装术语，因为很多术语可能源自伊斯兰世界对服装的称呼。拜占庭晚期的服装是另一个重要的研究领域，与拜占庭中期相比，晚期的肖像画描绘更加细致丰富，这成为研究拜占庭晚期服装的重要资料。同时，晚期的服装必须以西方力量的崛起，以及以意大利为中心的纺织业的发展为大背景，将其与帝国中期的时尚区分开来。最后，拜占庭艺术学者还需要将服装形态融入他们对手抄本和其他绘画的解读中，超越仅依赖图像学或风格学的解读方式。

在拜占庭中期的文献和图像中，服装是一种强有力的表达方式，作家和艺术家将服装作为载体，明确表达出了人物的谦逊、权力、职业和地域等多种信息。拜占庭社会的所有阶层主动选择面料、款式、剪裁和配饰等，这说明他们参与了中世纪的时尚，而且还推动了时尚的发展。

注释

前言

[1] 例如，一群朝臣们穿着斯卡拉曼吉翁来到“金色接待大厅”后，前往圣索菲亚大教堂参加游行。之后，他们会在皇帝的会议厅里带上头冠。当他们到达圣索菲亚大教堂后，他们穿着克拉米斯，而且头上不戴任何东西。当他们回到宫殿后，他们摘下头冠（很可能是在某个时候又重新戴上了），并脱下克拉米斯，然后穿上一件贯头长袍黛维特申后进入公寓。最后，他们穿着一件萨吉翁进入了神圣的宫殿。详见：Constantine Ⅶ, *Le Livre des Cérémonies*, bk. 2, trans. A. Vogt (Paris: Societe d'Edition, 1935), pp. 3–17.

[2] 例如在查理曼大帝的宫廷中，拜占庭服装就很受欢迎。详见：Anna Muthesius. “The Impact of the Medditeranean Silk Trade on Western Europe before 1200 AD,” in *Studies in Byzantine and Islamic Silk Weaving*, ed. A. Muthesius (London: The Pindar Press, 1995), p. 209.

[3] Benedicta Ward, *The Sayings of the Desert Fathers* (Kalamazoo, Michigan: Cistercian Publications, 1984), p. 17.

[4] A. Dmitrievskii, *Opisanie Liturgitseskich Rukopisej Typika*, vol. 1 (Kiev, 1895), p. 682. Trans. Deno John Geanokoplos in *Byzantium: Church, Society and Civilization Seen Through Contemporary Eyes* (Chicago: University of Chicago Press, 1984), pp. 314–315.

[5] 塞萨洛尼基的圣狄奥多拉只是数例中的一个。详见：Alice-Mary Talbot, ed., *Holy Women of Byzantium* (Washington, DC: Dumbarton Oaks Research Library and Collection, 1996), p. 324.

[6] A.A. Vasiliev, “Harun Ibn Yahya and his Description of Constantinople,” *Seminarium Kondakovianum* 5 (1932): 155.

[7] 值得注意的是，费多诺斯·库库勒斯在他的书中提到了服装。详见：*Vyzantinon Vios kai Politismos*, Vol. 2 part 2 (Athens: Eortai kai Panagirismoi Erta Eupopas Epaggelmata kai midroemporion Koukoules, 1948), pp.5–59. 然而，这项研究没有提出服装的历史框架，只是讨论了术语，其中也有一些问题。伊丽莎白·皮尔茨写了几篇关于礼服的文章，但每篇仅涉及特定时期礼服的一小部分。详见：Elisabeth Piltz, *Trois Sakkoi Byzantines* (Stockholm: Almqvist and Wiksell International, 1976); *Kamelaukion and Mitra* (Stockholm: Almqvist and Wiksell International, 1977); *Le Costume Officiel des Dignitaires Byzantins a L'Epoque Paleologue* (Uppsala: S. Academie Upsaliensis, 1994); “Middle Byzantine Court Costume,” in *Byzantine Court*

Culture from 829–1204, ed. H. Maguire (Washington DC: Dumbarton Oaks Research Library and Collection, 1997). 另外，南希·塞夫琴科和亚历山大·卡兹丹在《牛津拜占庭词典》中对某些服装进行了研究。详见：Alexander P. Kazhdan, ed., *Oxford Dictionary of Byzantium.* 3 vols. (Oxford: Oxford University Press, 1991).

[8] Fred Davis, *Fashion, Culture, and Identity* (Chicago: The University of Chicago Press, 1992), pp. 5–7.

[9] Davis, *Fashion, Culture, and Identity*, p. 5.

[10] Davis, *Fashion, Culture, and Identity*, p. 14.

[11] Davis, *Fashion, Culture, and Identity*, p. 17.

[12] Anne Hollander, *Seeing Through Clothes* (New York: Viking Press,1978), p. 363.

[13] Davis, *Fashion, Culture, and Identity*, p. 200, n. 7.

[14] 文中所描述的这一服装样式在小斯佩罗斯·弗里奥尼斯的著作中也可以看到。详见：Speros Vryonis Jr., “The Will of a Provincial Magnate, Eustathius Boilas,” in *Byzantium: Its Internal History and Relations to the Muslim World*, ed. S.V. Jr. (London: Variorium Reprints, 1971).

[15] 在1992年的“礼服与性别”学术研讨会上就使用了“礼服”一词。详见：Ruth Barnes and Joanne B. Eicher, eds., *Dress and Gender: Making and Meaning* (New York: St. Martin’s Press, 1992).

[16] 通过检索拜占庭服装的文献资料，会发现这个词在近期的研究成果中经常出现，如《牛津拜占庭词典》中关于“礼服”的词条列在了“戏装”之下。详见：Kazhdan, *The Oxford Dictionary of Byzantium*；另外，唯一对拜占庭服装进行整理调查的著作是玛丽·休斯顿的著作。详见：Mary Houston, *Ancient Greek, Roman and Byzantine Costume and Decoration* (London: Adam and Charles Black, 1959).

[17] 在20世纪50年代之前，男性学者很少涉及服装史的研究，直到20世纪80年代，他们才开始进入服装史领域，并作出了一定的贡献。

[18] Anna Muthesius, *Byzantine Silk Weaving AD 400 to AD 1200* (Vienna: Verlag Fassbaender, 1997).

[19] Marielle Martiniani-Reber, *Textiles et mode Sassanides* (Paris: Musee du Louvre, 1997) and *Lyon Musee Historique des tissus de Lyon: Soieries* (Lyons: Musee Historiques des Tissus, 1986). 另外，玛丽埃尔·马提娜妮·雷伯对贾尼克·杜兰德等人编写的著作也具有很大的贡献。详见：Jannic Durand et al., eds., *Byzance: L’art byzantin dans les collections publiques françaises* (Paris: Bibliotheque Nationale, 1992).

[20] 其相关研究包括：Lydre Hadermann–Misguiche, "Tissus de Pouvoir et Prestige sous Les Macedonians et Commenians," *DchAH* 17 (1993–1994): 121–128. Anna A. Ierusalimskaja and Birgitt Borkopp, *Von China Nach Byzanz* (Munich: Herausgegeben vom Bayerischen Nationalmuseum und der Staatlichen Ermitage, 1996). 还有几篇文章中也涉及了对于纺织品的讨论：Muthesius, *Impact of the Meditteranean Silk Trade* and Michael Hendy, *Studies in the Byzantine Monetary Economy 300–1450* (Cambridge: Cambridge University Press, 1985).

[21] Desirée Koslin and Janet E.Snyder, *Encountering Medieval Textiles and Dress* (New York: Palgrave Macmillan, 2002).

[22] Maria Parani, *Reconstructing the Reality of Images: Byzantine Material Culture and Religious Iconography (11th–15th Centuries)* (Leiden and Boston: Brill, 2003).

[23] Warren Woodfin, *Late Byzantine Ecclesiastical Vestments and the Iconography of Sarcedotal Power* (Doctoral thesis, Art History Department, University of Illionois, Urbana–Champagne, 2002).

[24] Robert S. Nelson, "Heavenly Allies at the Chora," *GESTA* 43:1 (2004): 31–40; Joyce Kubiski, "Orientalizing Costume in Early Fifteenth–Century French Manuscript Painting (Cite des Dames Master, Limbourg Brothers, Boucicaut Master, and Bedford Master)," *GESTA* 40:2 (2001): 161–180; Catherine Jolivet–Levy, "Note sur la representation des archanges en costume imperial dans l'iconographie Byzantine," *Cahiers Archeologiques* 46(1998): 121–128.

[25] 作者一直持续关注拜占庭晚期的服装形态，根据作者初步的研究成果可知，欧洲各地区服装的发展出现了越来越相似的趋势，但帽子除外，帽子更能表明民族身份，这一点在拜占庭晚期也十分明显。

[26] Jenna Weismann Joselit, *A Perfect Fit: Clothes, Character and the Promise of America* (New York: Metropolitan Books, 2001). 该书提出美国新移民通过从市场和二手店购买来的新时装来完成同化和本土化。

第一章　皇室服装

[1] 更多关于布道书的信息请参阅：George Galvaris, *The Illustrations of the Liturgical Homilies of Gregory Nazianzenus* (Princeton: Princeton University Press, 1969) and Helen Evans and William D. Wixom, eds., *The Glory of Byzantium* (New York: Metropolitan Museum of Art, 1997), cat. no. 63, Kurt Weitzmann and George Galvaris, *The Monastery of Saint Catherine at Mount Sinai: The Illuminated Manuscripts, Volume 1, From the Ninth to the Twelfth Century* (Princeton: Princeton

University Press, 1990), and Jeffrey C. Anderson, "The Illustration of Cod. Sinai Gr. 339," *Art Bulletin* 61 (1979): 167–185.

[2] Mary Houston, *Ancient Greek, Roman and Byzantine Costume and Decoration* (London: Adam and Charles Black, 1959), pp. 91–93.

[3] Henry George Liddell and Robert Scott, *A Greek– English Lexicon*, Revised ed. (Oxford: Clarendon Press, 1867–1939).

[4] Michael F. Hendy, *Coinage and Money in the Byzantine Empire, 1081–1204* (Washington, DC: 1969). dates this to Basil I's coinage, pp. 867–886.

[5] Maria Parani, *Reconstructing the Reality of Images: Byzantine Material Culture and Religious Iconography (11th–15th Centuries)* (Leiden and Boston: Brill, 2003), p . 20.

[6] Hendy, *Coinage and Money*, p. 66, gives the thirteenth century as date. Parani, *Reconstructing the Reality of Images*, p. 20.

[7] 作者同意卡拉夫雷佐对这件象牙雕刻版的年代测定。详见：Ioli Kalevrezou–Maxeiner, "Eudokia Makrembolitissa and the Romanos Ivory," *Dumbarton Oaks Papers* 31 (1977): 302–325.

[8] 目前为止，学者们还没有发现拜占庭人用希腊语来形容这种镶有珠宝的装饰衣领。迈克尔·亨迪认为这个词被覆盖至颈部的"torque"（项圈状）一词所取代。在这里，作者使用了"衣领"一词，因为这是对这一服饰配件最准确的描述。详见：Michael F. Hendy, *Catalogue of the Byzantine Coins in the Dumbarton Oaks Collection and in the Whittenmore Collection: Alexius Ⅰ to Michael Ⅷ*, ed. D. Oaks (Washington, DC: Dumbarton Oaks Research Library and Collection, 1999), p. 161. 另外，格里尔森使用了"肱骨以上"（superhumeral）这个词，这是一个源自拉丁语的词，拜占庭人并不使用这个词。本文作者使用了"衣领"（collar）一词，作者认为这是对此服饰配件描述最为准确的词语。

[9] Catherine Jolivet–Lévy, "La Glorification de l'Empereur à l'Église du Grand Pigeonnier," in *Histoire et Archéologie* 63 (1982): 73–77.

[10] 在拜占庭中期，关于王冠的两个词汇"stemma"和"diadem"是同义词，伊丽莎白·皮尔茨在研究王冠的过程中也证实了这一点。详见：Elisabeth Piltz *Kamelaukion et Mitra* (Stockholm: Almquist and Wiksell International, 1997), pp. 26–27.

[11] 史密斯讨论了关于亚历山大是否是从波斯国王那里获得了王冠的争论。详见：R.R.R. Smith, *Hellenistic Royal Portraits* (Oxford: Clarendon Press, 1988), pp. 34–38.

[12] Constantine Ⅶ, *Le Live Des Cérémonies*, BK. 1, trans. A. Vogt (Paris: Societe d'Edition, 1935), p. 175–177 and Michael McCormick, "Crowns," *The Oxford Dictionary of Byzantium* (Oxford: Oxford University Press, 1991).

[13] McCormick, "Crowns," *The Oxford Dictionary of Byzantium*.

[14] Anna Comnena, *The Alexiad*, trans. E.R.A. Sewer (New York: Penguin,1979), p. 113.

[15] Bernard Leib trans., *Anna Comnene Alexiade* (Paris: Société d'Édition "Les Belles Lettres," 1967), vol. 3: 4–5, pp. 114–115.

[16] Leib, trans., *Anna Comnene Alexiade*, vol. 3: 4–5, p. 114.

[17] Leib, trans., *Anna Comnene Alexiade,* vol. 3: 4–5, n. 5.

[18] Bayerisches National Museum, *Sakrale Gewander des Mittelhalters* (Munich: Bayerisches National Museum, 1955), pp. 27–28.

[19] 更多详细信息请参阅：C.L. Dimitrescu, "Quelques Remarques en marge du Coislin 79: Les Trois Eunuques," *Byzantion* 57 (1987): 32–45. Evans and Wixom, *The Glory of Byzantium*, cat. no. 143.

[20] P.A. Drossoyianni, "A Pair of Byzantine Crowns," *Jahrbuch der Osterreichischen Byzantinistik* 32: 3 (1982): 529–539, Byzantine Museum accession numbers B.M. 7663a and b.

[21] 作者简单地对所有图像中皇帝或皇后的罗鲁斯的重量进行了估算，最后得出这个平均值。在罗马诺斯的象牙雕刻版中，就显示了皇帝穿着一件镶有16排4列宝石的罗鲁斯。

[22] Michael F. Hendy, *Catalogue of the Byzantine Coins in the Dumbarton Oaks Collection and in the Whittenmore Collection: Alexius Ⅰ to Michael Ⅷ*, ed. D. Oaks (Washington, DC: Dumbarton Oaks Research Library and Collection) 151; Hendy cites John Cinnamus, *loannis Cinnami Epitome rerum ab Ioanne et Alexio Commenis gestarum* trans. August Meineke (Bonnae: Weberi, 1856), p. 28.

[23] J.M. Duffy, *Michael Pselli Philosophica Minora: Concerning the Power of Stones,* Vol. 1 (Leipzig: B.G. Teubner, 1992). Typescript translation by T. Mathews, D. Katsarelias, V. Kalas, and S. Brooks 1994.

[24] A.T. Croom, *Roman Clothing and Fashion* (Charleston, SC: Tempus Publishing Inc., 2001) p. 26.

[25] 君士坦丁七世曾提到皇帝经常佩戴克拉米斯。详见：Constantine Ⅶ., *Des Cérémonies*, bk. 1, pp. 138, 160, 176; bk. 2, p. 86. 这一点也贯穿于迈克尔·麦考密克的著作中，详见：Michael McCormick, *Eternal Victory: Triumphal Rulership in Late Antiquity, Byzantium, and the Early Medieval West* (Cambridge: Cambridge University Press, 1986).

[26] Thomas J. Talley, *The Origins of the Liturgical Year* (New York: Pueblo Publishing Company, 1986), p. 5.

[27] Gabriel Bertoniere, *The Historical Development of the Easter Vigil and Related Services in the Greek Church* (Rome: Pontifical Institutum Studiorum Orientalium, 1972), pp. 124–135.

[28] Constantine Ⅶ, *Des Cérémonies*, bk. I, p. 57.

[29] Nicolas Oikonomidès, *Les Listes de Préséance Byzantines du IXe et Xe Siécle* (Paris: Editions du Centre National de la Recherche Scientifique,1972), p. 200.

[30] Constantine Ⅶ, *Constantini Porphyrogeneti Imperiatoris De Ceremoniis aulaue Byzantinae Libri Duo*, p. 638, translated in Michael F. Hendy, *Byzantine Coins: Alexius Ⅰ to Michael Ⅷ*.

[31] Eric Addis Ivison, *Mortuary Practices in Byzantium (c. 950–1453) An Archaeological Contribution* (Doctoral Thesis, Centre for Byzantine and Modern Greek Studies, University of Birmingham, England, Birmingham, 1993), pp. 174–176.

[32] M. Hendy, *Byzantine Coins: Alexius Ⅰ to Michael Ⅷ*, p. 154.

[33] Kurt Weitzmannm, ed., *The Age of Spirituality* (New York: Princeton University Press, 1977).

[34] Michael McCormick, "Analyzing Imperial Ceremonies," *Jahrbuch der Osterreichischen Byzantinistik* 35 (1985): 12.

[35] Natalia Teteriatnikov, "Hagia Sophia: The Two Portraits of the Emperors with Moneybags as a Functional Setting," *Arte Medievale* Ⅱ :1 (1987): 47–66.虽然娜塔莉亚·捷捷利亚特尼科夫并没有探讨罗鲁斯是否作为捐赠者的专门服装，但她将复活节与这幅肖像，以及捐赠行为联系起来进行了考察。

[36] Paul Magdalino, "Observations on the Nea Ekklesia of Basil Ⅰ," *Jahrbuch der Osterreichischen Byzantinistik* 37 (1987): 55.

[37] Magdalino, "Observations on the Nea Ekklesia of Basil Ⅰ," Jahrbuch der Osterreichischen Byzantinistik, n. 7 he cites Georgius Monachus Continuatus, p. 845.

[38] Henry Maguire, "A Murderer Among Angels: The Frontispiece Miniatures of Paris Gr. 510 and the Iconography of the Archangels in Byzantine Art," in *The Sacred Image East and West* ed. R. Ousterhout and L. Brubaker (Urbana: University of Illinois Press, 1995).

[39] M. Hendy, *Byzantine Coins: Alexius Ⅰ to Michael Ⅷ*, p. 153.

[40] A.A. Vasiliev, "Harun Ibn Yahya and his Description of Constantinople," *Seminarium Kondakovianum* 5 (1932): 158–159.

[41] Henry Shaw, *Dresses and Decorations of the Middle Ages from the Seventh to the Seventeenth Centuries* (London: William Pickering, 1843) n.p.

[42] Francoise Piponnier and Perrine Mane, *Dress in the Middle Ages*, trans. C. Beamish, (New Haven: Yale University Press, 1997), pp. 77–81.

[43] J. Burton-Page, "Marasim," and T. Majda, "Libas," in *Encyclopedia of Islam: New Edition*, ed. Bearman, P.J., Th. Bianquis, C.E. Bosworth, E. van Donzel, and W.P. Heinrichs (Leiden: Brill,

2000).

[44] Oleg Grabar, *The Formation of Islamic Art* (New Haven: Yale University Press, 1987), p. 94.

[45] Dominique Sourdel, "Robes of Honor in Abbasid Baghdad during the Eighth to Eleventh Centuries," in *Robes and Honor: The World of Medieval Investiture,* ed. S. Gordon (New York: Palgrave, 2001), p. 137.

[46] Sourdel, *Robes of Honor*, p. 143.

[47] Hambly, "From Baghdad to Bukhara, From Ghazna to Delhi: The Khil'a Ceremony in the Transmission of Kingly Pomp and Circumstance," in *Robes and Honor: The World of Medieval Investiture*, ed. S. Gordon (New York: Palgrave, 2001), figure 8.1.

[48] T. Majda, "Libas," *Encyclopedia of Islam: New Edition*, quoting Rudolf-Ernst Brünnow, ed., Kitab *al-Muwashsha aw al-zarf wa 'l-zurafa'* (Cairo: Maktabat a-Khanji, 1953) p. 163.

[49] T. Majda, "Libas," *Encyclopedia of Islam: New Edition.*

[50] T. Majda, "Libas," *Encyclopedia of Islam: New Edition.*

[51] 马乔里·加伯定义的"双性同体"的服装风格仅限于女性衣装，主要指女性穿着像男性一样的服装，而不是穿着没有性别区分的服装。详见：Marjorie Garber, *Vice Versa* (New York: Simon and Schuster, 1995).

[52] James Breckenridge, *The Age of Spirituality*, Kurt Weitzmann ed. (New York: Metropolitan Museum of Art, 1979), pp. 35-36.

[53] Sotheby's, *An Important Private Collection of Byzantine Coins* (New York: Sotheby's, 1998), cat. no. 419.

[54] Michael Psellos, *Chronographie*, Vol. Ⅵ, trans. E. Renauld (Paris: Societé d'Edition Les Belles Lettres, 1926), p. 158.

[55] Iohannis Spatharakis, *The Portrait in Byzantine Illuminated Manuscripts* (Leiden: E.J. Brill), pp. 79-83. Evans and Wixom, *The Glory of Byzantium*, cat. no. 144.

[56] Evans and Wixom, *The Glory of Byzantium*, cat. no. 36.

[57] Michael Psellus, *14 Byzantine Rulers*, trans. E.R.A. Sewer (London: Penguin Classics, 1996) p. 329.

[58] Evans and Wixom, *The Glory of Byzantium*, p. 77.

[59] 这是他们服装上的一个微小的性别差异，本文第三章将对此进行讨论。

[60] 维珀特斯·科伦伯格首先提出了这个想法，之后被其他学者采纳。详见：Wipertus H. Rudt de Collenberg, "Le 'Thorakion,' " in *Melanges d'Archaeologie et d'Histoire de l'Ecole Francaise de Rome* 83 (1971): 263-361.

[61] 迈克尔·亨迪认为“托拉基翁”是“萨吉翁”的另一种写法。然而，作者发现这两个词并不一致，目前还无法定义“托拉基翁”一词的具体定义。详见：Hendy, *Byzantine Coins: Alexius Ⅰ to Michael Ⅷ*, p. 156.

[62] Psellus, *14 Byzantine Rulers*, p. 88 (italics mine).

[63] A.P. Kazhdan and Ann Wharton Epstein, *Change in Byzantine Culture in the Eleventh and Twelfth Centuries* (Berkeley: University of California Press,1985), p. 77 quoting Niketas Choniates 273.85–89.

[64] 从20世纪70年代开始，“权力的服装”成为女性杂志中经常使用的一个术语，主要用来描述男式西装对女性职业装的冲击。作者没有找到该术语首次使用的具体时间，但可以确实这是杂志中的常用术语。

[65] John Lowden, *Early Christian and Byzantine Art* (London: Phaidon, 1997), Figure 94.

[66] 在《礼记》中有12位朝臣与皇帝一起佩戴罗洛斯的场景描述，沃格特认为这代表着十二使徒与基督。在《克莱托罗吉翁记》中记载了只有4名朝臣在复活节与皇帝一起佩戴罗洛斯。

[67] 有关卡拉巴斯·基利斯教堂的这幅肖像画和其他肖像画的更多信息，参见：Lisa Bernardini, “Les Donateurs des Églises de Cappadoce,” *Byzantion* (1993): 118–140.

[68] 有关该教堂的更多信息请参阅：Ewald Hein, Andrija Jakovljevic, and Brigitte Kleidt, *Zypern Byzantinische Kirchen und Kloster:* Cyprus (Rotingen: Melina–Verlag, 1996), pp. 55–60, and Andreas Stylianou and Judith A. Stylianou, “Asinou,” in *The Painted Churches of Cyprus* (London: Trigraph for the A.G. Leventis Foundation, 1985).

[69] Liudprand of Cremona, *The Embassy to Constantinople and Other Writings,* bk. 3, trans. F.A. Wright (Vermont: Charles E. Tuttle Co. , 1993), p. 85.

[70] Comnena, *The Alexiad,* p. 84.

[71] Helmut Puff, “The Sodomite’s Clothes: Gift–Giving and Sexual Excess in Early Modern Germany and Switzerland,” in *The Material Cuture of Sex, Procreation and Marriage in Premodern Europe,* ed. Anne L. McClanan and Karen Rosoff (New York: Palgrave, 2002), p. 255.

[72] Valentin Groebner, “Describing the Person, Reading the Signs in Late Medieval and Renaissance Europe: Identity Papers, Vested Figures, and the Limits of Identification, 1400–1600,” in *Documenting Individual Identity: The Development of State Practices in the Modern World,* ed. Jane Caplan and John Torpey (Princeton: Princeton University. Press, 2001), pp. 15–27.

[73] Jannic Durand et al., eds., *Byzance: L’art byzantin dans les collections publiques françaises* (Paris: Bibliotheque Nationale, 1992), cat. no. 356.

[74] McCormick, *Eternal Victory*, p. 175.

[75] Constantine Ⅶ, *Des Cérémonies*, bk. 1, pp.1–2.

[76] Judith Herrin, "The Imperial Feminine in Byzantium," *Past and Present*, 169 (2000): 20–21.

[77] 这些统计数据来自作者对拜占庭早期、中期和晚期的王位继承者们的统计和分析。

[78] 这些统计数据来自作者对拜占庭早期、中期和晚期的王位继承者们的统计和分析。

[79] Barbara Hill, "Imperial Women and the Ideology of Womanhood in the Eleventh and Twelfth Centuries," in *Women, Men and Eunuchs: Gender in Byzantium*, ed. L. James (London and New York: Routledge, 1997), p. 80.

[80] Hugh Kennedy, "Byzanatine–Arab Diplomacy in the Near East from the Islamic Conquests to the Mid Eleventh Century," in *Byzantine Diplomacy: Papers from the Twenty–Fourth Spring Symposium of Byzantine Studies, Cambridge, March 1990* ed. Jonathan Shepard and Simon Franklin (Brookfield VT: Ashgate, 1992).

[81] Kazdhan and Cutler, "Samonas," in *The Oxford Dictionary of Byzantium.*

[82] Michael Angold, *The Byzantine Empire 1025–1204* (London and New York: Longman, 1984), p. 2.

[83] Ruth Macrides, "Dynastic Marriages and Political Kinship," in *Byzantine Diplomacy*, ed. J. Shepard and S. Franklin (Brookfield, VT: Variorum,1992), pp. 270–279.

[84] D.C. Smythe, "Why do Barbarians stand round the emperor at diplomatic receptions?" in *Byzantine Diplomacy*, ed. J. Shepard and S. Franklin (Brookfield, VT: Variorum, 1992), pp. 305–312.

[85] Vasiliev. *Harun Ibn Yahya and his Description of Constantinople*, p. 159.

[86] John Lowden, "The Luxury Book as Diplomatic Gift." in *Byzantine Diplomacy*, ed. J. Shepard and S. Franklin (Brookfield, VT: Variorum, 1992).

[87] A.T. Croom, *Roman Clothing and Fashion* (Charleston, SC: Tempus Publishing Inc., 2001), p. 51.

[88] 皇后在加冕时也会穿一件克拉米斯。详见：Constantine Ⅶ., *Des Cérémonies*, bk. 2, p. 11.

[89] Constantine Ⅶ., *Des Cérémonies*, bk. 1, p. 138 (Hypapante), bk. 1, p. 176 (Pentecost), bk. 1, p. 160 (Palm Sunday), bk. 2, p. 33 (promotion of a noble), bk. 2, p. 2 (coronation), bk. 2, p. 84 (funeral).

[90] M. Hendy, *Byzantine Coins: Alexius Ⅰ to Michael Ⅷ*, p. 143.

[91] Marielle Martiniani–Reber. "Les Tissus de Saint Germain," *Auxerre* (1990): 173–176.

[92] Hendy, *Byzantine Coins: Alexius Ⅰ to Michael Ⅷ*, p. 144.

[93] Robin Cormack, "Interpreting the Mosaics of S. Sophia at Istanbul," in *Art History*, 4:2 (1981): 131–149.罗宾·科马克认为马赛克镶嵌画中的忏悔的皇帝形象，可能是皇帝利奥六世。

[94] Psellos, *Chronographie,* bk. I, p. 14.

[95] Evans and Wixom, *The Glory of Byzantium,* pp. 322–323.

[96] Evans and Wixom, *The Glory of Byzantium,* cat. no. 337.

[97] Antony Eastmond and Lynn Jones, "Robing, Power, and Legitimacy in Armenia and Georgia," in *Robes and Honor,* ed. S. Gordon (New York: Palgrave, 2001), pp. 173–175.

[98] Durand, *Byzance,* cat. no. 20.

[99] 关于对此图像的分析以及对相关其他图像的分析参见：Smythe, *Why do Barbarians Stand Round the Emperor at Diplomatic Receptions?* pp. 305–312.

[100] Evans and Wixom, *The Glory of Byzantium,* cat. no. 147H.

[101] M. Hendy, *Byzantine Coins: Alexius Ⅰ to Michael Ⅷ,* p. 151 and Elisabeth Piltz, *Middle Byzantine Court Costume,* ed. H. Maguire (Washington, DC: Dumbarton Oaks, 1997), p. 42.

[102] Constantine Ⅶ, *Des Cérémonies,* bk. 1, p. 78.

[103] Mark Whittow, *The Making of Byzantium, 600–1025* (Berkeley: University of California Press, 1996), pp. 106–113.

[104] Whittow, *Byzantium, 600–1025*, p. 108.

[105] Alexander Kazhdan and Giles Constable, *People and Power in Byzantium* (Washington, DC: Dumbarton Oaks, 1982), p. 144.

[106] 艾维里尔·卡梅伦、迈克尔·麦考密克、亚历山大·卡兹丹等人在他们的著作中探讨了拜占庭对传统和礼仪仪式的继承与坚持。

[107] Nicolas Oikonomidès, *Les Listes de Préséance Byzantines du IXe et Xe Siécle,* (Paris: Editions du Centre National de la Recherche Scientifique, 1972), p. 167.

[108]《克莱托罗吉翁记》和《礼记》都列出了与皇帝一起用餐的达官贵人们，他们通常都没有军事头衔。

[109] Nikephoros Byrennios, *Nicephore Byrennios, Histoire,* trans. P. Gautier (Brussels: Byzantion, 1975), pp. 130–131.

[110] Kazhdan and Constable, *People and Power in Byzantium,* p. 75.

[111] 有关此手稿的更多信息请参阅：A. Cutler and J.-M. Spieser, *Byzance Médiévale* (Paris: Gallimard, 1996), pp. 323–336.

第二章　宫廷服装

[1] Cecily Hilsdale, "Appendix Ⅱ Vatican Greek Manuscript 1851: Dating Difficulties," in *Diplomacy*

by Design: Rhetorical Strategies of the Byzantine Gift (University of Chicago, Ph.D. thesis, 2003).

[2] Iohannis Spatharakis, *The Portrait in Byzantine Illuminated Manuscripts* (Leiden: E.J. Brill, 1976).

[3] Elisabeth Piltz, "Middle Byzantine Court Costume," in *Byzantine Court Culture from 829–1204,* ed. H. Maguire (Washington, DC: Dumbarton Oaks Research Library and Collection)," pp. 39–51.

[4] 有关服装术语的条目参见：Alexander Kazhdan or Nancy Sevenko in *The Oxford Dictionary of Byzantium* (Oxford University Press, 1997).

[5] Andre Grabar and M. Manoussacas, *L'Illustration du Manuscrit de Skylitzes de la Bibliothèque Nationale de Madrid* (Venice: Bibliotheque de L'Institut Hellenique d'Etudes Byzantines et Post–Byzantines de Venise, 1979).

[6] 学者崔庆熙指出，在马德里的斯凯利兹（Skylitzes）手抄本插画中表现战争的场景是由生活在西西里岛的诺曼人创作的，该画面反映出在武器和装甲制作技术方面西方已处于领先地位。详见：Kyung–Hee Choi, A Reading of John Skylitzes' Synopsis Historiarum: Contemporary Aspects in the Madrid Skylitzes Manuscript Illustrations (Unpublished manuscript, 1998). 另外，学者埃琳娜·博克指出，拜占庭帝国的图像是通过一个外国人的视角来展示的，也就是诺曼西西里人的视角，但该图像并不能传达出像拜占庭制作的图像所具有的相同信息。详见：Elena Boeck, *The Ideology of the Byzantine Body Politic: The Imperial Body in Visual Politics* (Paper given at College Art Association 91st Annual Conference, New York, 2003).

[7] Suzy Dufrenne and Paul Canart, *Die Bibel des Patricius Leo,* ed. Facsimile (Zurich: Belser, 1988). Helen C. Evans and William D. Wixom, *The Glory of Byzantium* (New York: Metropolitan Museum of Art, 1997), cat. no. 42.

[8] 壁画中关于人物头衔的铭文现已完全消失，但约翰尼斯·斯帕塔拉基斯在其著作中认为，这个人物形象是朝臣的形象。详见：Spatharakis, *The Portrait in Byzantine Illuminated Manuscripts,* p. 78.

[9] Spatharakis, *The Portrait in Byzantine Illuminated Manuscripts,* p. 83.

[10] Hilsdale, *Diplomacy by Design,* appendix Ⅱ.

[11] Piltz, *Middle Byzantine Court Costume.*

[12] Nicolas Oikonomidès, *Les Listes de Préséance Byzantines du Ixe et Xe Siecle* (Paris: Editions du Centre National de la Recherche Scientifique), p. 94.

[13] Sevenko, "Sticharion" in *Oxford Dictionary of Byzantium.*

[14] Oikonomidès. *Les Listes de Préséance,* p. 217.

[15] Henry George Liddell and Robert Scott, *A Greek–English Lexicon,* Revised ed. (Oxford: Clarendon Press, 1867–1939).

[16] 关于“科罗比昂”一词的词源参见：Mary G. Houston, *Ancient Greek, Roman and Byzantine Costume and Decoration* (London: Adam and Charles Black, 1959), p. 97.

[17] Piltz, *Middle Byzantine Court Costume,* p. 43.also see her figure 12.

[18] Cyril Mango and Roger Scott, *The Chronicle of Theophanes Confessor* (Oxford: Clarendon Press, 1997), p. 609.

[19] Spatharkis, *The Portrait in Byzantine Illuminated Manuscripts.*

[20] Sevenko, “Colobium,” *The Oxford Dictionary of Byzantium.*

[21] Tim Dawson, *The Forms and Evolution of the Dress and Regalia of the Byzantine Court: c.900–c.1400* (Ph.D. Thesis, Melbourne: University of New England, Melbourne, 2002), p. 69.

[22] Kurt Weitzmann, *Studies in Classical and Byzantine Manuscript Illumination* (Chicago: University of Chicago Press, 1971), pp. 25–34, 135–148.

[23] Alexander Kazdhan and Alice-Mary Talbot, “Vita of Elias Speliotes,” in *Dumbarton Oaks Hagiography Database of the 8th–10th Centuries* (Washington DC: Dumbarton Oaks, 1998), Lines 82:1–3.

[24] E.A. Sophocles, ed., *Greek Lexicon of the Roman and Byzantine Periods,* Vol. Ⅰ–Ⅱ (New York: Frederick Ungar Publishing Company, 1957).

[25] Oikonomidès, *Les Listes de Préséance,* p. 127.

[26] McCormick, *Eternal Victory: Triumphal Rulership in Late Antiquity, Byzantium and the Early Medieval West* (Cambridge: Cambridge University Press, 1986).,p. 213, n. 112, from *On Imperial Expeditions,* ed. J.J. Reiske (Bonn: E.Neberi, 1829), 499.5–500.3.

[27] Constantine Ⅶ, *Le Live Des Cérémonies,* Trans. A. Vogt, (Paris: Societe d'Edition, 1935), p.70.

[28] Oikonomidès, *Les Listes de Préséance,* p.127. 此处提到奥伊康诺米德斯对这个词的定义是基于它与卡米申（Kamision）一起穿着时所给出的解释，但并不清楚它到底是一种什么类型的服装。关于奥伊康诺米德斯对这个词的定义，见Oikonomidès, *Les Listes de Préséance*, p.126, n.77.

[29] Charlton T. Lewis and Charles Short, “Paragaudion,” in *A Latin Dictionary* (Oxford: Clarendon Press, 1969).

[30] John Malalas, *The Chronicle of John Malalas,* trans. E. Jeffreys, M. Jeffreys, and R. Scott (Melbourne: Australian Association for Byzantine Studies, 1986), vol. M, 9: 233.

[31] E.A. Sophocles, ed., “Paragaudion,” in *Greek Lexicon of the Roman and Byzantine Periods,* Vol. Ⅰ–Ⅱ (New York Frederick Ungar Publishing Company, 1957).

[32] Constantine Ⅶ, *Des Cérémonies,* bk. 2, p. 60, n. 1.

[33] Constantine Ⅶ, *Des Cérémonies,* bk. 2, p. 60.

[34] Oikonomidès, *Les Listes de Préséance,* p. 170, n. 153.

[35] Constantine Ⅶ, *Des Cérémonies,* bk. 1, p. 92.

[36] Piltz, *Middle Byzantine Court Costume,* p. 46.

[37] Constantine Ⅶ, *Des Cérémonies,* bk.2, p. 95. 有关术语“萨布尼昂”的进一步讨论，请参见本章下文。

[38] Piltz, *Middle Byzantine Court Costume,* p. 45.

[39] Oikonomidès, *Les Listes de Préséance,* p. 179.

[40] Constantine Ⅶ, *Des Cérémonies,* bk. 1, p. 87.

[41] N.P. Kondakov, “Les Costumes Orientaux a la Cour Byzantine,” *Byzantion* 1 (1924): 7–49.

[42] Constantine Ⅶ, *Des Cérémonies,* bk. 1, p. 93.

[43] Oikonomidès, *Les Listes de Préséance,* p. 179.

[44] Kondakov, *Les Costumes Orientaux a la Cour Byzantine,* p. 11.

[45] 马克・惠托引用了柳特布兰德（Liutprand）关于斯卡拉曼吉翁的记录。详见：Mark Whittow, *The Making of Byzantium, 600–1025* (Berkely: University of California Press, 1996), pp. 110–111.Liuprandus Cremonensis Opera, third edition, ed. J. Bekker, Monumenta Germaniae Historiae (Hannover: Hahnsche Buchhandling 1915) pp. 157–158.

[46] “Rule of Michael Attaleiates for his Almshouse in Rhaidestos and for the Monastery of Christ Panoiktimon in Constantinople,” trans. Alice–Mary Talbot in *Byzantine Monastic Foundation Documents,* ed. John Thomas and Angela Constantinides Hero (Washington DC: Dumbarton Oaks Research Library and Collection, 2000), p. 359.

[47] P.A. Phourikes, “Peri tou etymou ton lexeon skaramangion, kabbadion, skaranikon,” *Lexikographikon Archeion tes meses kai neas hellenikes* 6 (1923):444–473. 作者专门感谢了托马斯・马修教授和娜塔莎・库恰诺娃教授所推荐的这篇文章。

[48] Kondakov, *Les Costumes Orientaux a la Cour Byzantine,* p. 16.

[49] CE. Bosworth E. van Donzel, B. Lewis, and Ch. Pellat, “Kirman,” *The Encyclopedia of Islam,* eds., (Leiden: E.J. Brill, 1986), pp. 147–166.

[50] Oikonomidès, *Les Listes de Préséance,* p. 125.

[51] Oikonomidès, *Les Listes de Préséance,* p. 127.

[52] Spatharakis, *The Portrait in Byzantine Illuminated Manuscripts,* figure 69.

[53] Constantine Ⅶ, *Des Cérémonies,* bk. 1, p. 381, *mandatores,* Oikonomidès, *Les Listes de Préséance*, p. 90.

[54] Niketas Choniates, *Historia,* 332.35–37 cited in A.P. Kazhdan and Ann Wharton Epstein, *Change in Byzantine Culture in the Eleventh and Twelfth Centuries* (Berkeley: University of California Press, 1985), p. 78.

[55] Ioli Kalevrezou, N. Trahoulia, and S. Sabar, "Critique of the Emperor in the Vatican Psalter Gr. 752," *Dumbarton Oaks Papers* 47 (1993): 195–219 and Evans and Wixom, *The Glory of Byzantium,* cat. no. 142.

[56] Charlton T. Lewis and Charles Short, *A Latin Dictionary* (Oxford: Clarendon Press, 1969).

[57] Liudprand, *The Embassy to Constaninople,* p.194.

[58] Liudprand, *The Embassy to Constaninople,* p.78.

[59] Ramon Muntaner, "The Expedition of the Grand Company to Constantinople' " in *The Portable Medieval Reader,* ed. James Bruce Ross and Mary Martin McLaughlin (New York: Penguin Books, 1977), p. 460.

[60] Georgios I. Thanopoulos, *Ho Digenes Akrites' Escorial kai to Heroiko Tragoudi 'Tou Huiou tou Andronikou:' Koina Typika Morphologika Stoicheia tes Poietikes tous* (Athens: Synchron Ekdotike, 1993), line 147.

[61] Lisa Bernardini, "Les Donateurs des Églises de Cappadoce," *Byzantion* 62 (1993): 118–140.

[62] Charles H. Morgan, *The Byzantine Pottery,* Vol. Ⅺ Corinth (Cambridge: Harvard University Press, 1942) pp. 37–42.

[63] Accession numbers 21.62 and 89.18.362, published in Annemarie Stuffer, *Textiles of Late Antiquity* (New York: The Metropolitan Museum of Art,1995), cat. nos. 35 and 40.

[64] Anna A. Ierusalimskaja and Birgitt Borkopp, *Von China Nach Byzanz,* (Munich: Bayerischen Nationalmuseum und der Staatlichen Ermitage, 1996).

[65] See n. 40 and also the Metropolitan Museum accession numbers 90.5.31 and 25.3.217.

[66] Metropolitan Museum accession numbers 73.71, 73.79 and 73.134.

[67] Accession number CMNH 10061–149, published in Thelma K. Thomas, *Textiles from Medieval Egypt, A.D. 300–1300* (Pittsburgh: Carnegie Museum of Natural History, 1990), p. 53.

[68] Spatharakis, *The Portrait in Byzantine Illuminated Manuscripts,* p. 55.

[69] Constantine Ⅶ, *Des Cérémonies,* bk. 2, p. 3.

[70] Michael Psellos, *Chronographie,* Vol. Ⅳ, p. 55.

[71] Spatharakis, *The Portrait in Byzantine Illuminated Manuscripts,* p. 262.

[72] Constantine Ⅶ, *Des Cérémonies,* bk. 2, p. 95.

[73] Gonosova, "Textiles," *The Oxford Dictionary of Byzantium.*

[74] Constantine Ⅶ, *Des Cérémonies,* bk. 2, pp. 12, 16, 18 to name a few.

[75] 相关信息请参阅：Pamela G. Sayre, “The Mistress of the Robes-Who Was She?” *Byzantine Studies* 13:2 (1986):229–239.

[76] 男士也会佩戴“玛芬里翁”。参见：Constantine Ⅶ, *Constantini Porphyrogeneti Imperiatoris De Ceremoniis aulae Byzantinae Libri Duo* ed. J.J. Reiske. 2 vols. (Bonn: Impensis Ed. Weberi, 1829–1830) sect. 623, line 12.

[77] 蒂姆·道森令人信服地提出，“托拉基翁”是一条在胸部纵横交错的装饰带。详见：Tim Dawson, *The Forms and Evolution of the Dress and Regalia of the Byzantine Court: c.900–c.1400* (Doctoral Dissertation, University of New England, Melbourne, 2002), pp. 175–178.

[78] James Laver, *Costume and Fashion,* revised and expanded ed. (New York: Thames and Hudson, 1995), p. 39.

[79] 这些女性可能是负责皇后寝室工作的女性，她们在文本中没有被提及，所以，作者使用了“侍女”一词来表示她们的职能，但这并不等同于她们在实际社会中的等级。

[80] 希尔斯代尔认为，这份手抄本插画应该出自与法国宫廷有联系的外国人之手，很可能是安条克的玛丽亚委托来自法国的安娜·艾格尼丝撰写。作者认为正是这些外国女性将这种服装风格带到了宫廷。

[81] Oikonomidès, *Les Listes de Préséance,* p. 132.

[82] Psellos, *Chronographie,* Vol. Ⅵ, p.158.

[83] 刺绣主要使用针和线，将设计好的图案添加到织好的面料底纹上。详见：Jennifer Harris ed., *Textiles 5,000 Years* (New York: Harry N. Abrams, Inc., Publishers, 1993) p. 31. 锦缎是通过经纱和纬纱的相互交织而成，锦缎的花纹图案是通过在织好的面料底纹上另外织入纬线而成。参见：CIETA, *Fabrics: Vocabulary of Technical Terms* (Lyons: Centre Internationale d’Etudes Textiles Anciens, 1964).

[84] Oikomenides, *Les Listes de Préséances*, p. 97.

[85] Oikomenides, *Les Listes de Préséances,* p. 127.

[86] Michael Hendy, *Studies in the Byzantine Monetary Economy* (Cambridge: Cambridge Univeristy Press, 1985), pp. 307–338.

[87] A.A. Vasiliev, “Harun Ibn Yahya and his Description of Constantinople,” *Seminarium Kondakovianum* 5 (1932): 159.

[88] 作者调查了大都会艺术博物馆中关于服装史的通史类书籍，调查结果显示，超过80%的书籍中的时尚史都始于文艺复兴时期。

[89] Laver, *Costume and Fashion,* p. 62.

[90] Laver, *Costume and Fashion*, p. 7.

[91] Fred Davis, *Fashion, Culture and Identity* (Chicago: University of Chicago Press, 1992), p. 17.

[92] Anne Hollander, *Seeing Through Clothes* (New York: Viking Press, 1978), p. 350.

[93] A.E.R. Boak, "The Book of the Prefect," *The Journal of Economics and Business History* 1 (1928–1929): 601.

[94] Psellos, *Chronographie,* Vol. Ⅶ: p. 86.

第三章　边境贵族精英的服装

[1] John V.A. Fine, *The Late Medieval Balkans* (Ann Arbor: University of Michigan Press, 1987), pp. 7–9.

[2] 例如，现代美国的时尚首先出现在纽约，在之后的一两年内，将由纽约转移至美国中部的其他主要大都市。

[3] A.P. Kazhdan and Ann Wharton Epstein, *Change in Byzantine Culture in the Eleventh and Twelfth Centuries* (Berkeley: University of California Press,1985) p. 77.

[4] "Life, Deeds, and Partial Account of the Miracles of the Blessed and Celebrated Mary the Younger" trans. Angeliki E. Laiou in Alice–Mary Talbot, *Holy Women of Byzantium* (Washington DC: Dumbarton Oaks Research Library and Collection, 1996), pp. 266–267.

[5] Marcus N. Adler, *The Itinerary of Benjamin of Tudela* (New York: P. Feldheim,1938), pp. 53–54.

[6] Nikolas Oikonomides, "The Contents of the Byzantine House," *Dumbarton Oaks Papers 44* (1990): 210.

[7] "Tvpikon of Theodora Pailaiologina for the Convent of Lips in Constantinople," trans. Alice–Mary Talbot in *Byzantine Monastic Foundation Documents,* 5 vols, ed. John Thomas and Angela Constautirides Hero (Washington, DC: Dumbarton Oaks Research Library and Collection,2000), p. 1258.

[8] Klavs Randsborg, *The First Millenium AD in Europe and the Mediterranean* (Cambridge: Cambridge University Press, 1991), pp. 158–160.

[9] Speros Vryonis Jr., "The Will of a Provincial Magnate, Estathius Boilas," in *Byzantium: Its Internal History and Relations to the Muslim World,* ed. S.V. Jr. (London: Variorum Reprints, 1971), pp. 267–268, 272.

[10] Y.K. Stillman, *Female Attire of Medieval Egypt According to the Trousseau Lists and Cognate Material from the Cairo Geniza* (Ph.D. Thesis, Art History University of Pennsylvania,

Philadelphia 1972).

[11] S.D. Goitein, “A Letter from Seleucia (Cilicia),” *Speculum* 39:2 (1964): 299.

[12] Kazhdan and Epstein, *Change in Byzantine Culture in the Eleventh and Twelfth Centuries,* p. 78.

[13] Niketas Choniates, *O City of Byzantium, Annals of Niketas Choniates,* trans.H. J. Magoulias (Detroit: Wayne State University Press, 1984), p. 332:35–37.

[14] 伊斯特蒙德将乔尔吉・拉萨的礼服确定为格鲁吉亚宫廷的礼服。详见：Antony Eastmond, *Royal Imagery in Medieval Georgia* (University Park: Pennsylvania State University Press, 1998), p. 161.

[15] Nicolas Oikonomidès, *Les Listes de Préséance Byzantines du IXe et Xe Siecle* (Paris: Editions du Centre national de la Recherche Scientifique), pp. 177–179.

[16] Constantine Ⅶ, *De Administrando Imperio,* trans. R.J.H. Jenkins (Budapest: Pazmany Peter Tudomanyegyetemi Gorog Filogiai Intezet,1949) sect. 32, p. 153.

[17] Speros Vryonis, “The Vita Basili of Constantine Porphyrogennetos and the Absorption of Armenians in Byzantine Society,” in *Studies in Byzantine Institutions, Society and Culture,* ed. Speros Vryonis Jr. (New Rochelle: Aristide D. Caratzas, 1997), p. 53.

[18] M.–H. Fourmy and M. Leroy, “La Vie de S. Philarète,” *Byzantion* (1934):121.

[19] Vryonis Jr., *The Will of a Provincial Magnate, Eustathius Boilas,* pp. 267–268.

[20] G.F. Abbott, *The Tale of a Tour in Macedonia* (London: Edward Arnold,1903), p. 184.

[21] Gertrude Lowthian Bell. *The Desert and the Sown* (London: William Heinemann, 1907), p. 21.

[22] N.P. Kondakov, “Les Costumes Orientaux a la Cour Byzantine,” *Byzantion* 1: 7–49. and Mary G. Houston, *Ancient Greek, Roman and Byzantine Costume and Decoration* (London: Adam and Charles Black, 1954).

[23] 亚美尼亚历史学家将公元8世纪的格鲁吉亚人也称为亚美尼亚人。公元9世纪，亚美尼亚的巴格拉图尼王朝控制了格鲁吉亚地区，格鲁吉亚历史学家将巴格拉图尼人称为格鲁吉亚人，因为巴格拉图尼王朝占据了格鲁吉亚的伊比利亚大部分地区。当作者谈论拜占庭帝国东北边境地区的艺术时，作者也使用“格鲁吉亚”一词，因为作者参考了安东尼・伊斯特蒙德的研究成果，安东尼・伊斯特蒙德使用了“格鲁吉亚”一词。本文的亚美尼亚一词将用于表示在公元9世纪统治拜占庭帝国东部边境小亚细亚地区的阿尔特鲁尼人。有关外高加索地区与拜占庭关系的详细历史，请参阅：Mark Whittow, *The Making of Byzantium, 600–1025* (Berkeley: University of California Press, 1996), pp. 194–220.

[24] Nina G. Garsoian, “History of Armenia,” in *Treasures in Heaven,* ed. T.F. Mathews and R.S. Wieck (New York: The Pierpont Morgan Library, 1994) for dates of Armenian Byzantine relations.

[25] Garsoian, *History of Armenia,* p. 14.

[26] Thomas F. Mathews and Annie-Christine Daskalakis Mathews, "Islamic-Style Mansions in Byzantine Cappadocia and the Development of the Inverted T-Plan," *The Journal for the Society of Architectural Historians* 56: 3 (1997): 294–315 and Spyros Vryonis, *The Decline of Medieval Hellenism in Asia Minor* (Berkeley: University of California Press, 1971).

[27] 相关的完整调查报告请参阅：Veronica Kalas, *Rock-Cut Architecture of the Peristrema Valley: Society and Settlement in Byzantine Cappadocia* (Ph.D. Thesis, Institute of Fine Arts, New York University, New York, 2000).

[28] 了解更多信息请参阅：Lyn Rodley, *Cave Monasteries of Byzantine Cappadocia* (New York: Cambridge University Press, 1986) and Catherine Jolivet-Levy, *Les Églises Byzantines de Cappadoce* (Paris: Editions du Centre National de la Récherche Scientifique, 1991). 以及 Lisa Bernardini, *"Les Donateurs des Eglises de Cappadoce,"* *Byzantion* 62 (1993): 118–140.

[29] 了解更多信息请参阅：Antony Eastmond, *Royal Imagery in Medieval Georgia* (University Park: Pennsylvania State University Press, 1998) pp. 14–15.

[30] 了解更多信息请参阅：Eastmond, *Royal Imagery in Medieval Georgia,* pp. 34–38.

[31] Eastmond, *Royal Imagery in Medieval Georgia,* p. 35.

[32] Yedida Kalfon Stillman, *Arab Dress from the Dawn of Islam to Modern Times* (Leiden: Brill, 2000), p. 12.

[33] Stillman, *Arab Dress,* pp. 40–41.

[34] 了解更多信息请参阅：Bernardini, *Les Donateurs des Églises de Cappadoce.*

[35] Helen C. Evans and William D. Wixom eds., *The Glory of Byzantium,* (New York: Metropolitan Museum of Art, 1997), cat. no. 150. and A. Starensier, *An Art Historical Study of the Silk Industry* (Ph.D. Thesis, Art History, Columbia University, New York, 1982), pp. 657–660.

[36] Sevcenko, "Headgear," *The Oxford Dictionary of Byzantium.*

[37] Paul A. Underwood, *The Kariye Djami,* vols. 1–4 (New York: Pantheon Books, 1966).

[38] M.-H. Fourmy and M. Leroy, "La Vie de S. Philarète," *Byzantion* 9 (1934):12. See earlier in this chapter for the full quotation.

[39] Stillman, *Arab Dress,* pp. 41–48.

[40] 头巾和宽袖长袍成为亚美尼亚皇家服饰的特点，这与穿着长袍和裤子的伊斯兰统治者的服装所具有的社会意义完全不同。详见：Antony Eastmond and Lynn Jones, "Robing, Power, and Legitimacy in Armenia and Georgia," in *Robes and Honor,* ed. S. Gordon (New York: Palgrave, 2001), p. 150.

[41] W. Bjorkman, "Turban," *The Encyclopedia of Islam: New Edition.*

[42] Jean–Michel Thierry, *Armenian Art* (New York: Harry N. Abrams, Inc.,1987) p. 140.

[43] Eastmond, *Royal Imagery of Medieval Georgia,* figure 18.

[44] 了解更多信息请参阅：Bernardini, *Les Donateurs des Églises de Cappadoce.*

[45] Metropolitan Museum of Art, accession Number 30.3.56.

[46] Metropolitan Museum of Art, accession Number 30.3.55.

[47] A. Cutler and J.–M. Spieser, *Byzance Médiévale 700–1204* (Paris: Gallimard,1996) p. 196.

[48] Thomas T.F. Mathews and Annie–Christine Daskalakis Mathews, "The Portrait of Princess Marem of Kars, Jerusalem 2556, fol. 135b," in *From Byzantium to Iran: Armenian Studies In Honour of Nina Garsoian,* ed. J.P. Mahe and R.W. Thompson (Atlanta: Scholars Press 1996).

[49] Dominique Sourdel, "Robes of Honor in 'Abbasid Baghdad During the Eighth to Eleventh Centuries,' " in *Robes and Honor,* ed. S. Gordon (New York: Palgrave, 2001).

[50] Stillman and Sanders, "Tiraz," in *The Encyclopedia of Islam: New Edition.*

[51] 大都会博物馆收藏的提拉兹既有出现在头巾、披肩上的形式，也有出现在短夹克前面的形式。

[52] Eastmond and Jones, *Robing, Power, and Legitimacy in Armenia and Georgia,* quoting *The History of the House of Artsruni,* pp. 347–348.

[53] Stillman and Sanders, "Tiraz," *The Encyclopedia of Islam: New Edition.*

[54] Eastmond, *Royal Imagery in Medieval Georgia,* pp. 49–51.

[55] 关于格鲁吉亚和亚美尼亚皇室借用拜占庭服饰的问题，请参阅：Helen Evans, Imperial Aspirations: Armenian Cilicia and Byzantium in the Thirteenth Century (Unpublished manuscript, 1999) and Eastmond, *Royal Imagery in Medieval Georgia* for discussion of borrowing of Byzantine dress by Georgian and Armenian royalty.

[56] E.A. Sophocles ed., *Greek Lexicon of the Roman and Byzantine Periods,* Vol. Ⅰ– Ⅱ (New York: Frederick Ungar Publishing Company, 1957) .

[57] 这座教堂被生活在奥尔塔希萨尔（Ortahisar）的本地人称为潘卡里克（Pancarlik），生活在邻近城镇于尔距普（Urgup）的本地人称其为苏萨姆・巴伊里（Susam Bayiri）。更多信息请参阅：Jolivet–Lévy, *Les Eglises Byzantines de Cappadoce.*（译者注：此处的地名是作者由土耳其语转为英语的，在拼写中出现错误，如Urgup应为 ürgüp。）

[58] Richard Ettinghausen and Oleg Grabar, *The Art and Architecture of Islam:650–1250* (New Haven: Yale University Press, 1994), figures 41–43.

[59] Stillman, *Arab Dress,* figure 13.

[60] Marcell Restle, *Byzantine Wall Painting in Asia Minor,* vol. 2, trans. I.R. Gibbons (Greenwich, CT: New York Graphic Society Ltd., 1967), entry Ⅱ.

[61] Ettinghausen and Grabar, *Art and Architecture of Islam,* figure 267.

[62] 关于卡斯托里亚地区的保加利亚文化请参阅：A.W. Epstein, "Middle Byzantine Churces of Kastoria: Dates and Implications," *Art Bulletin* 62 (1980):190–207 and Whittow, *The Making of Byzantium, 600–1025,* pp. 262–298. 有关这一时期该地区总体的历史发展请参阅：John V.A. Fine, *The Early Medieval Balkans* (Ann Arbor: The University of Michigan Press, 1991).

[63] Kazhdan, "Armenia," *The Oxford Dictionary of Byzantium.*

[64] Talbot and Cutler, "Iveron," *The Oxford Dictionary of Byzantium.*

[65] Michael Hendy, *Studies in the Byzantine Monetary Economy 300–1450*(Cambridge: Cambridge University Press, 1985) pp. 212–216.

[66] Hendy, *Studies in the Byzantine Monetary Economy 300–1450*, p. 213.

[67] David Jacoby, "Silk in Western Byzantium before the Fourth Crusade," in *Byzantine Zeitschrift*, 84–85 (1991–1992): 452–500.关于诺曼人在希腊北部的发展历史请参阅：Paul Stephenson, *Byzantium's Balkan Frontier* (Cambridge: Cambridge University Press, 2000).

[68] Manolis Chatzidakis, *Kastoria* (Athens: Melissa Publishing, 1985), p. 38.

[69] 教堂壁画的绘制年代应在11世纪末至13世纪早期。学者马诺利斯·哈齐达基斯指出，由于该教堂壁画与位于马其顿的涅列兹（Nerez）和库尔宾诺沃（Kurbinovo）的壁画有着密切的关联，所以教堂壁画的创作年代应在11世纪末至13世纪之间。详见：Chatzidakis, *Kastoria,* p. 58.

[70] Dora Piguet–Panayotova, *Recherches sur la peinture en Bulgarie du bas Moyen Age* (Paris:De Boccard, 1987).

[71] Chatzidakis, *Kastoria,* p. 43.

[72] Chatzidakis, *Kastoria,* p. 43.

[73] Eastmond, *Royal Imagery in Medieval Georgia.*

[74] Eastmond, *Royal Imagery in Medieval Georgia,* pp. 45–47.

[75] Eustathius, *La Espugnazione di Tessalonica,* ed. S. Kyriakedes (Palermo,1961), p. 83. Translated by Geanakoplos, *Byzantium: Church, Society and Civilization Seen Through Contemporary Eyes,* p. 309.

[76] Henry Shaw, *Dresses and Decorations of the Middle Ages from the Seventh to the Seventeenth Centuries* (London: William Pickering, 1843), engravings pp. 9–10; C. Willet and Phillis Cunnington, *Handbook of English Medieval Costume* (London: Faber and Faber, Limited,

n.d.), pp. 26–27, 36–41; N. Bradfield, *Historical Costumes of England from the Eleventh to the Twentieth Century* (London: George G. Harrap and Co. Ltd.), pp. 20–25.

[77] Francoise Piponnier and Perrine Mane, *Dress in the Middle Ages*, trans. C. Beamish (New Haven: Yale University Press, 1997), pp. 78–79.

[78] Piponnier and Mane, *Dress in the Middle Ages,* pp. 77–81.

[79] Piponnier and Mane, *Dress in the Middle Ages,* pp. 14–19.

[80] Anna Muthesius, "The Impact of the Meditteranean Silk Trade on Western Europe before 1200 AD," in studies in Byzantine and Islamic Silk unleaving, ed. A. Muthesius (London Pindar Press, 1995) and Muthesius, "The Role of Byzantine Silks in the Ottoman Empire," in *Studies in Byzantine and Islamic Silk Weaving,* ed. A. Muthesius (London: Pindar Press, 1995) p. 209.

[81] Muthesius, *The Role of Byzantine Silks in the Ottonian Empire,* p. 209.

[82] Evans and Wixom, *The Glory of Byzantium,* cat. no. 142.

[83] 在图像中，穿这类袖型的女性有：西奥多·西内多诺斯(Theodore Synedonos) 的妻子尤多基亚(Eudokia)、原塞巴斯托斯康斯坦丁·科穆宁·拉乌尔·帕莱奥洛戈斯(Constantine Komnenos Raoul Palaiologos) 的妻子尤弗洛西妮·杜卡伊纳·帕莱奥洛吉纳(Euphrosyne Doukaina Palaiologina)、塞巴斯托克执政官康斯坦丁·帕莱奥洛戈斯(Constantine Palaiologos)的妻子艾琳·坎塔库泽尼 (Eirene Kantakouzene)和迈克尔·拉斯卡里斯·布利恩尼奥斯·菲兰索佩诺斯 (Michael Laskaris Bryennios Philanthropenos)的妻子安娜·坎塔库泽内 (Anna Kantakouzene)。详见：Donald M. Nicol, *The Last Centuries of Byzantium, 1261–1453* (Cambridge: Cambridge University Press, 1996).

[84] Fine, *The Early Medieval Balkans,* pp. 137–138.

[85] Fine, *The Early Medieval Balkans,* pp. 169–170.

[86] 关于卡帕多西亚在丝绸之路上的重要作用，主要有以下两本著作：Gul Asatekin et al., *Along Ancient Trade Routes* (Belgium: Maasland,1996); Anna A. Ierusalimskaja and Birgitt Borkopp, *Von China Nach Byzanz* (Munich: Herausgegeben vom Bayerischen National Museum und der Staatlichen Ermitage, 1996).

[87] 作者曾在1998年现场拍摄了两个坑式织机，之后，维罗妮卡·卡拉斯也在该地点拍摄了几张照片。

[88] 人们对拜占庭织机的了解甚少，在幸存下来的数量极少的手抄本插画中有简单描绘织机的图像，但这种织机无法织造出遗存丝绸残片上的复杂装饰图案。有关拜占庭织机的知识请参阅：Muthesius, *Byzantine Silk Weaving AD 400 to AD 1200,* pp. 19–26.

[89] Liudprand of Cremona, *The Embassy to Constantinople and Other Writings,* trans. F.A. Wright

(Vermont: Charles E. Tottle Co., 1993), p. 202.

[90] Muthesius, *Byzantine Silk Weaving AD 400 to AD 1200,* pp. 235–254.

第四章　非精英阶层的服装

[1] “Life of St. Thomas of Lesbos,” trans. Paul Halsall in Alice–Mary, Talbot, ed., *Holy Women of Byzantium* (Washington, DC: Dumbarton Oaks Research Library and Collection, 1996), p. 314.

[2] Anna Comnena, *The Alexiad,* trans. E.R.A. Sewter (New York: Penguin, 1979), p. 377.

[3] “Life of St. Thomais of Lesbos” trans. Halsall, p. 304.

[4] “Life of St. Theodora of Thessalonike,” trans. Alice–Mary Talbot in Talbot, *Holy Women of Byzantium,* p. 200.

[5] Niketas Choniates, *O City of Byzantium, Annals of Niketas Chonates,* trans. H.J. magoulias (Detroit: Wayne State University Press, 1984), p. 47.

[6] On women and weaving: Angeliki Laiou, “The Role of Women in Byzantine Society,” *Jahrbuch Osterreichischen Byzantinistik* 31:1 (1981): 243.

[7] Andrew J. Cappel, “The Poor” *The Oxford Dictionary of Byzantium.* 3 vols. ed. Alexander P. Kazhdan (Oxford: Oxford University Press, 1991).

[8] George Galavaris, *The Illustrations of the Liturgical Homilies of Gregory Nazianzenus* (Princeton: Princeton University Press, 1969), p. 4.

[9] Galavaris, *The Homilies of Gregory of Nazianzenus,* pp. 37–69, 177–193.

[10] Galavaris, *The Homilies of Gregory Nazianzenus,* p. 63.

[11] 中世纪有6幅描绘格雷戈里施舍布道的图像，图像编号具体为：Taphou 14, Vlad. 146, Dionysiou 61, Sinai Gr. 339, Panteleimon 6, Paris Gr. 550 published in Galavaris, *The Homilies of Gregory Nazianzenus.*

[12] George Galavaris, *Zograhike Vyzantion Cheirographon* (Athens: Ekdotike Athenon, 1995).

[13] John Lowden, *Early Christian and Byzantine Art* (London: Phaidon Press,1997), figure 175.

[14] Thomas F. Mathews, *Byzantium: From Antiquity to the Renaissance* (New York: Harry N. Abrams, Inc., 1998), figure 66.

[15] Galavaris, *The Homilies of Gregory Nazianzenus,* p. 164.

[16] Kurt Weitzmann, ed., *Age of Spirituality* (New York: The Metropolitan Museum of Art, 1979).

[17] 例如，在达芙妮教堂的马赛克镶嵌画中，几乎没有出现非精英阶层的人物形象；在霍西奥斯・卢卡斯的马赛克镶嵌画中，出现了一些非精英阶层的人物形象，如“耶稣诞生”

的场景中吹笛子的牧羊人的形象，牧羊人的服装面料和剪裁方式都不属于中世纪，他的服装与圣经人物的服装一样，这些服装都不能真实反映出当时的服装特点。

[18] 这座教堂也被称为格雷梅1号（Goreme 1）或埃尔纳扎尔（El Nazar）。详见：Marcell Restle, *Byzantine Wall Painting in Asia Minor,* vol. 2, entry I, trans. I.R. Gibbons (Greenwich, CT: New York Graphic Society Ltd., 1967).

[19] 这条胸前佩戴的围巾可以在梵蒂冈教廷图书馆的藏书插图中看到，如：藏书 *The Menologium of Basil Ⅱ*。

[20] 该藏品没有给出藏品编号，目前正作为永久收藏品展出。

[21] 一个典型的例子是，科穆宁王朝的历史学家康斯坦丁·马纳塞斯写了一篇关于狩猎的鸟类的诗句。详见：Leo Sternbach, "Analecta Manassea," *Eos* 7 (1901): 180–194.

[22] Zoltan Kadar, *Survivals of Greek Zoological Illuminations in Byzantine Manuscripts* (Budapest: Akademiai Kiado, 1978), p. 91.

[23] Bartusis, "Village Community" in *The Oxford Dictionary of Byzantium.*

[24] *Revue des etudes sud-est europeenes* XIX (1981): 428, n. 22.

[25] Kazhdan, "Furrier," *The Oxford Dictionary of Byzantium.*

[26] *The Chronicle of Theophanes,* trans. Harry Turtledove (Philadelphia: The University of Pennsylvania Press, 1982), p. 39.

[27] Constantine Ⅶ, *Book of Ceremonies,* On Goths, bk. 2, chap., 92, trans. A. Vogt (Paris: Societe d'Edition, 1935).

[28] Robert of Clari, *The Conquest of Constantinople,* ed. Edgar Holmes McNeal (New York: Columbia University Press, 1936), p. 125.

[29] On their income and status. John Haldon, "Military Service, Lands and the Status of Soldiers," *Dumbarton Oaks Papers* 47 (1998): 1–67.

[30] Carolyn L. Connor, *Art and Miracles in Medieval Byzantium* (Princeton: Princeton University Press, 1991), figure 94.

[31] George T. Dennis, *Three Byzantine Military Treatises* (Washington, DC: Dumbarton Oaks Research Library and Collection, 1985), pp. 52–55, 288–289.

[32] Kadar, *Zoological Illuminations,* p. 91. 另请参阅：I. Spatharakis, *Studies in Byzantine Manuscript Illumination and Iconography* (London: Pindar Press,1996), pp. 146–192.

[33] Eric McGeer, *Sowing the Dragon's Teeth: Byzantine Warfare in the Tenth Century* (Washington, DC: Dumbarton Oaks Research Library and Collection, 1995), pp. 13, 23, 39.

[34] Michael Psellos, *Chronographie,* vol. Ⅱ, bk. Ⅵ, trans. E. Renauld (Paris: Societe D'Edition Les

Belles Lettres), p. 20.

[35] Comnena, *The Alexiad,* p. 257.

[36] George T. Dennis, *Three Byzantine Military Treatises* (Washington, DC: Dumbarton Oaks Research Library and Collection), the sections that address clothing and armor are: On Strategy, p. 53, sect. 16, *On Skirmishing*,p. 215, sect. 19, and *Campaign Organization and Tactics*, p. 289, sect. 16. Eric McGeer, *Sowing the Dragon's Teeth,* pp. 13, 23, 39. The *Taktika* of Nikephoros Ouranos, also translated by McGeer in this text is nearly identical to the *Praecepta Militaria* in its descriptions of proper attire.

[37] Dennis, *Three Byzantine Military Treatises,* p. 55.

[38] Michael Hendy, *Studies in the Byzantine Monetary Economy 300–1450* (Cambridge: Cambridge University Press, 1985), pp. 307–309.

[39] John Haldon, Military Service, Lands and the Status of Soldiers, Dumbarton Oaks Papers 47 (1998): 22–26.

[40] Helen C. Evans and William D. Wixom, eds., *The Glory of Byzantium* (New York: Metropolitan Museum of Art, 1997), pp. 100–101.

[41] Carnegie Museum of Natural History accession numbers CMNH 28448–8 and CMNH 10061–221 published in Thelma K. Thomas, *Textiles from Medieval Egypt, A.D. 300–1300* (Pittsburgh: Carnegie Museum of Natural History, 1990).

[42] 博物馆将此残片标记为日期和来源不明确的拜占庭织物，但没有给出该织物残片的藏品编号。

[43] The Washington DC. Textile Museum, accession number 71.109.

[44] Carnegie Museum of Natural History, accession number CMNH 10061–213.

[45] 根据作者的观察，发现某些人物会专门穿着非希腊人的典型服装，以表明他们的外国身份。详见：Eastern Orthodox Church, ed., *Il Menologio di Basilio Ⅱ Codice Vaticano Greco 1613* (Rome: Fratelli Bocca, 1907).

[46] Restle, *Byzantine Wall Painting in Asia Minor,* vol. 2, entry Ⅱ.

[47] Object number 71.109, The Textile Museum, Washington, DC.

[48] 因相似的编织技术而难以区分拜占庭和伊斯兰织物的问题请参阅：Anna Muthesius, *Byzantine Silk Weaving AD 400 to AD 1200* (Vienna: Verlag Fassbaendar, 1997), pp. 3, 58–64.

[49] 非常感谢沃伦·伍德芬首先提出了关于“家庭佣人”和“奴隶”的概念区分问题。

[50] V. Minorsky, “Maravazi on the Byzantines,” Annuaire de l'Institut de Philogie et d'Histoire Orientales et Slaves Ⅹ (1950): 462.

[51] Hilal al-sabi, *The Rules and Regulations of the Abbasid Court,* edu trans. Elie A. Salem (Beirut: American University of Beirut, 1977), p. 18.

[52] Evans and Wixom, *Glory of Byzantium,* p. 191.

[53] Italo Furlan, *Codici Greci Illustrati della Biblioteca Marciana,* vol. 3 (Milan: Edizioni Stendhal, 1981), pp. 42–43.

[54] Furlan, *Codici Greci,* p. 46.

[55] Benedicta Ward, *The Sayings of the Desert Fathers* (Kalamazoo, Michigan: Cistercian Publications, 1984), p. 17.

[56] Ruth Webb, "Salome's Sisters: The Rhetoric and Realities of Dance in Late Antiquity and Byzantium," in *Women, Men and Eunuchs: Gender in Byzantium,* ed. L. James (New York: Routledge, 1997), pp. 121–122.

[57] Evans and Wixom, *Glory of Byzantium,* cat. no. 142.

[58] 伊斯坦布尔考古博物馆藏的这件藏品尚未出版。博物馆将该藏品的年代定为11世纪，因为它与博物馆的其他拜占庭雕塑的风格相一致。关于博物馆收藏的其他拜占庭雕塑作品，参见：Nezih Firatli, *A Short Guide to the Byzantine Works of Art in the Archaeological Museum of Istanbul* (Istanbul, 1955).

[59] Robert Scranton, *Mediaeval Architecture in the Central Area of Corinth,* Vol. XVI, Corinth (Princeton: The American School of Classical Studies at Athens, 1957).

[60] Scranton, *Mediaeval Architecture in the Central Area of Corinth,* p. 38.

[61] Galavaris, *Zographike Vyzantion,* figure 84.

[62] Evans and Wixom, *The Glory of Byzantium,* p. 210.

[63] Ettinghausen and Grabar, *Art and Architecture of Islam 650–1250* (New Haven: Yale University Press, 1994), figure 199.

[64] Webb, *Salome's Sisters,* pp. 125–126.

[65] Constantine VII, *Le Live Des Cérémonies*, bk. 2, trans. A. Vogt (Paris: Societe d'Edition, 1935), p. 103.

[66] H.A. Harris, *Sport in Greece and Rome* (Ithaca: Cornell University Press,1972), p. 45.

[67] Procopius, *The Secret History*, trans. G.A. Williamson (New York: Penguin Books, 1981), p. 84.

[68] Olexa Powstenko, *The Cathedral of St. Sophia in Kiev,* Vol. III – IV, *The Annals of the Ukrainian Academy of Arts and Sciences in the U.S.* (New York: Ukrainian Academy of Arts and Sciences in the United States, 1954), p. 132.

[69] Powstenko, *St. Sophia in Kiev,* p. 132.

[70] A.A. Vasiliev, "Harun In Yahya and his Description of Constantinople, Seminarium Kondakovianum 5 (1932): 149–163.

[71] H. A. Harris, *Sport in Greece and Rome* (Ithaca: Cornell University Press,1972), pp. 182, and 194.

[72] Kazhdan and Talbot, "Vita of Elias Spelaiotes," *Dumbarton Oaks Hagiography Database* (Washington, DC: Dumbarton Oaks Research Library and Collection, 1998), line 82.

[73] M.–H. Fourmy and M. Leroy, "La Vie de S. Philarète," *Byzantion* 9 (1934): 135.

[74] Cyril Mango and Roger Scott, *The Chronicle of Theophanes Confessor*, (Oxford: Clarendon Press, 1997), pp. 580–581.

[75] Angeliki E. Laiou, trans., "Life of Mary the Younger," in *Holy Women in Byzantium* ed. Alice–Mary Talbot (Washington, DC: Dumbarton Oaks Research Library and Collection, 1996), pp. 266–267.

[76] Procopius, *Secret History*, p. 82.

[77] Metropolitan Museum of art accession numbers 17.190.138–139.

[78] Alexander Kazhdan, "Women at Home," *Dumbarton Oaks Papers* 52 (1998): 5.

[79] Danièle Alexandre–Bidon and Didier Lett, *Children in the Middle Ages* (Notre Dame, Indiana: The University of Notre Dame Press,1999) and P.J.P Goldberg and Felicity Riddy, eds., *Youth in the Middle Ages* (York: York Medieval Press, 2004).

[80] Alexandre–Bidon and Lett, *Children in the Middle Ages*, pp. 130–131.

[81] 维多利亚和阿尔伯特博物馆保存的7世纪的来自埃及的儿童束腰外衣，以及亚麻布和羊毛挂毯等，均无馆藏编号。其他博物馆的藏品还有：圣彼得堡博物馆保存的女孩连衣裙，以及8~10世纪来自波斯的亚麻和丝绸（藏品编号Kz6697）；大都会博物馆保存的4世纪的来自埃及的儿童外衣（藏品编号27.239）。

[82] Cecile Morrison and Jean–Claude Cheynet, "Prices and Wages in the Byzantine World," in *The Economic History of Byzantium from the Seventh through the Fifteenth Century*, ed. A.E. Laiou (Washington, DC: Dumbarton Oaks Research Library and Collection, 2002), pp. 85–86 and 843.

[83] Morrison and Cheynet, *Prices and Wages*, p. 843.

[84] Morrison and Cheynet, *Prices and Wages*, p. 843.

[85] Morrison and Cheynet, *Prices and Wages*, pp. 85–86. "海皮拉"是一种金币，比基本货币单位稍重。详见：Philip Grierson, *Byzantine Coinage* (Washington DC: Dumbarton Oaks Research Library and Collection, 1999), p. 5.

[86] Nikolas Oikonomides, "The Contents of the Byzantine House," *Dumbarton Oaks Papers* 44 (1990):

210.

[87] Klaus Randsborg, *The First Millenium AD in Europe and the Mediterranean* (Cambridge: Cambridge University Press, 1991), pp. 159–160.

[88] Petra Sipesteiin, "Request to buy Colored Silk." in *Gedenkschrift Ulrike Horak*, 2 vols., ed. Ulrike Horak, Hermann Harraver, and Rosario Pintaud: (Firenze: Gonnelli, 2004). p. 16.

[89] 在一些人物传记和法律文献中，偶尔会出现买卖二手服装的一些相关资料，相关文本的整理汇编参见：Jennifer L. Ball, *The Fabric of Everyday Life: The Procurement of Textiles in the Home* (Paper given in *Byzantine Habitat: Class, Gender and Production*, Princeton, May 2003), p. 10.

[90] Speros Vryonis Jr., "the Will of a Prouincial Magnate, Eustathius Boilas," in Byzantium: Its Interanl History and Relations to the Muslim World, ed. S.V. Jr (London: Variorum Reprints, 1971), in *Europe and the Mediterranean* (Cambridge: Cambridge University Press, 1991).

[91] Randsborg, *The First Millenium,* p. 160.

[92] *To Eparchikon Biblion,* introduction Ivan Dujcev, trans. E.H. Freshfield, (London: Variorum Reprints, 1970), p. 245.

[93] 学者蒂姆·道森（Tim Dawson）认为，术语"玛雅沃斯"（paganos）原指生活在乡下的人，他进一步解释为下层阶级的人，因为下层人通常都穿短款服装，在当时的宫廷中也普遍认为下层人穿都穿短款服装，因此，这一术语的形成很可能就是基于当时的社会认识。详见：Tim Dawson, *Dress and Regalia of the Byzantine Court: c. 900–c. 1400* (Doctoral Dissertation, University of New England, Melbourne), p. 51.

[94] Procopius, *The Secret History*, p. 82.

第五章　遗存的服装残片

[1] 关于教会服装请参阅：Bayerisches National Museum, *Sakrale Gewander des Mittelhalters* (Munich: Bayerisches National Museum, 1955); Karel C. Innemee, *Ecclesiastical Dress in the Medieval Near East* (Leiden:E.J. Brill, 1992), and Warren Woodfin, *Late Byzantine Liturgical Vestments and the Iconography of Sacerdotal Power* (Doctoral thesis, Art History Department, University of Illinois, urbuna–Champagne, 2002).

[2] 例如，巴科沃彼得里佐尼蒂萨圣母修道院的僧侣们必须要保护纺织品，以防被盗窃、篡改或有任何损坏。详见：Robert Jordan in John Thomas and Angela Constantinides, Hero, eds. *Byzantine Monastic Foundation Documents* (Washington, DC: Dumbarton Oaks Research Library

and Collection, 2000), p. 551.

[3] 安娜·穆特修斯对来自欧洲的近1400件丝绸残片进行了编目，她确定了其中60件残片属于拜占庭中期，详见：Anna Muthesius, *Byzantine Silk Weaving AD 400 to AD 1200* (Vienna: Verlag Fassbaender, 1997).作者对自己所收藏的北美纺织品残片进行分析后发现，其中有十几片丝绸残片也属于拜占庭中期。

[4] 例如，大都会艺术博物馆有五件藏品，具体为：09.50.995, 46.156.18a, 90.5.4, 90.5.504和1987.442.5；另外，华盛顿特区纺织博物馆也有两件类似的藏品：71.109和711.22。

[5] 2002年在阿莫里姆（Amorium）墓地出土了拜占庭服装碎片和三双皮鞋，但在相关考古报告中还没有提供服装信息。详见：Lisa Usman, "Excavtion, Conservation and Analysis of Organic Material from a Tomb in the Narthex of the Lower City Church" in Armonium Reports Ⅱ: Research Papers and Technical Reports, ed. C.S. Lightfoot (Oxford: BAR International Series 1170, 2003), pp. 193–201.学者蒂姆·道森提出在安纳托利亚东部（Eastern Anatolia）出土的一件丘尼克可能属于拜占庭中期。详见：Tim Dawson，"A Tunic from Eastern Anatolia"，Costume: The Journal of the Costume Society 36 (2002):931–99.在对安纳托利亚的马纳赞洞穴（Manazan Caves）的进一步考古发掘中，出土了一件丘尼克，目前已对这件丘尼克进行了分析，但还有待进一步的研究来证实或证伪蒂姆·道森所提出的断代分期。另外，在约克（York）发现的一块黄色丝绸，可能曾是头巾的一部分，应该来自拜占庭或伊斯兰地区。详见：York Archaeological Trust, *The Small Finds,* The Archaeology of York 17, ed. P.V. Addyman (London: Council for British Archaeology, 1993).

[6] Diane Lee Carroll, *Looms and Textiles of the Copts: First Millennium Egyptian Textiles in the Carl Austin Ritz Collection of the California Academy of Sciences,* Vol. 11 (Seattle: University of Washington Press, 1988), p. 38, especially figure 12a.

[7] 在检索了研究所的纺织品后，发现有一半以上的残片都被重新裁剪过。

[8] Muthesius, *Byzantine Silk Weaving,* cat. no. M131.

[9] Muthesius, *Byzantine Silk Weaving,* pp. 104–112. 安娜·穆特修斯还发现了其他类似的纺织品，但这些纺织品太脆弱，因而无法进行检测和编目，所以本次研究不包含此类织物。

[10] 例如，尤斯塔修斯·博伊拉斯给他的教堂留下了几件衣服，但并非全部都是教会长袍。详见：Speros Vryonis Jr., "The Will of a Provincial Magnate, Eustathius Boilas" in *Byzantine: Its Internal History and Relations to the Muslim World,* ed. S.V. Jr. Variorum Reprints, 1971), pp. 267–268.

[11] Muthesius, *Byzantine Silk Weaving,* cat. no. 48.

[12] See, e.g., Cat. nos. 149–150 in Helen C. Evans and William D. Wixom, eds., *The Glory of*

Byzantium (New York: Metropolitan Museum of Art, 1997).

[13] 织物尺寸是在男性和女性平均身高的基础上推算的（略高于平均值）。作者并不认为这些织物是专门为特定性别而制作，在这里，作者只是使用男性和女性的平均身高来使读者对织物尺寸有一定的感知。

[14] Jennifer Harris, ed., *Textiles 5,000 Years* (New York: Harry N. Abrams, Inc., 1993) p. 19–20.

[15] Muthesius, *Byzantine Silk Weaving,* p. 151.

[16] 安娜·穆特修斯按时期和地点对现存纺织品的织造技术和装饰图案进行了分类描述，根据安娜·穆特修斯的整理，可以看出斜纹织物是拜占庭中期最常见的织物类型。详见：Muthesius, *Byzantine Silk Weaving,* pp. 151–157.

[17] "Asterius of Amaseia, Homily I," in Cyril Mango, *Art of the Byzantine Empire 312–1453: Sources and Documents* (Toronto: University of Toronto Press, 1986), p. 51.

[18] Constantine Ⅶ, *Constantini Porphyrogeneti Imperiatoris De Ceremonis aulae Byzantinae Libri Duo* ed. J. J. Reiske 2 vols. (Bonn: Impensis Ed. Weberi, 1829–1830), Sect. 623, line 12.

[19] Constantine Ⅶ, *De Cerimoniis,* bk. 1 Sect. 181 and 578.

[20] 学者P.马格达利诺和R.纳尔逊通过比对研究几份演讲稿后指出，该演讲稿中所提到的这种服装趣味一定存在于12世纪，否则这篇演讲稿就失去意义了。详见：P. Magdalino and R. Nelson, "The Emperor in the Byzantine art of the Twelfth Century," *Byzantine Forschungen* 8 (1982): 177–178.

[21] John Malalas, *The Chronicle of John Malalas,* bk. M sect. 9, 233, trans. E. Jeffreys, M. Jeffreys, and R. Scott (Melbourne: Australian Association for Byzantine Studies, 1986).

[22] Saint Theodoret of Cyrrus, *On Providence,* in Muthesius *Byzantine Silk Weaving*, p. 23.

[23] Muthesius, *Byzantine Silk Weaving,* p. 104.

[24] Muthesius, *Byzantine Silk Weaving,* cat. no. M47.

[25] 近期的展览会展出这些埃及出土的拜占庭服装，关于这些服装的研究，参见：Annemarie Stauffer, *Textiles of Late Antiquity* (New York: The Metropolitan Museum of Arts, 1995), Eunice Dauterman Maguire, *Weavings from Roman, Byzantine and Islamic Egypt: The Rich Life and the Dance* (Champaign: Krannert Art Museum, 1999)。另外，收藏有拜占庭埃及织物的博物馆还包括：The Victoria and Albert Museum, London, The Textile Museum, Washington, DC, Musée Historique des Tissus, Lyon, The Metropolitan Museum of Art, New York, and the Abegg Stiftung, Berne等。

[26] Marielle Martiniani–Reber, *Parure d'une princesse Byzantine: tissues archéologiques de Sainte–Sophie de Mistra* (Geneva: Musées d'art et d'histoire, 2000).

[27] Elizabeth Crowfoot, "The Clothing of a Fourteenth–Century Nubian Bishop," in *Studies in Textile History*, ed. V. Gervers (Toronto: Royal Ontario Museum, 1977).

[28] Anna A. Ierusalimskaja and Birgitt Borkopp, *Von China Nach Byzanz* (Munich: Herausgegeben vom Buyerischen National museum und der Staatlichen Ermitage, 1996).

[29] Ierusalimskaja and Borkopp, *Von China Nach Byzanz.*

[30] Despoina Evgenidou et al., *The City of Mystras,* trans. D. Hardy (Athens: Hellenic Ministry of Culture, 2001), cat. nos. 1–4.

[31] Evgenidou, *Mystras,* p. 148.

[32] Crowfoot, *The Clothing of a Fourteenth–Century Nubian Bishop,* p. 43.

[33] Crowfoot, *The Clothing of a Fourteenth–Century Nubian Bishop*, p. 48.

[34] Crowfoot, *The Clothing of a Fourteenth–Century Nubian Bishop,* p. 50.

[35] 这些服装均出现在编目中，具体为：Ierusalimskaja and Borkopp, *Von China Nach Byzanz*.

[36] 对于中世纪将时尚作为欲望的概念请参阅：Heller, *Fashion in French Crusade Literature,* p. 110. 以及Rolande Barthes, *The Fashion System*, trans. M. Ward and R. Howard (Berkeley: University of California Press, 1990).

[37] 作者考查了许多北美收藏的织物，也检索了散藏于欧洲的织物，如伦敦、希腊和意大利等地的博物馆藏品。安娜·穆特修斯所列的拜占庭丝绸目录，成为欧洲博物馆藏品的重要编目汇总，详见：Muthesius, *Byzantine Silk Weaving.*

结论

[1] Despina Stratoudaki White and Joseph R. Berrigan, *The Patriarch and the Prince,* (Brookline, MA: The Holy Cross Orthodox Press, 1982) p. 60.

[2] "St. Theodora of Thessalonike," trans. Alice–Mary Talbot in *Holy Women of Byzantium* (Washington DC: Dumbarton Oaks Research Library and Collection, 1996). p. 185.

[3] 在服装史中，将拉文纳马赛克图像中的查士丁尼和狄奥多拉的服饰作为拜占庭服饰代表的主要学者有詹姆斯·拉沃尔和玛丽·休斯顿。详见：James Laver，*Costume and Fashion,* Revised and Expanded ed. (New York: Thames and Hudson, 1995) and Mary Houston, *Ancient Greek, Roman and Byzantine Costume and Decoration* (London: Adam and Charles Black, 1959).

参考文献

Abbott, G. F. 1903. *The Tale of a Tour in Macedonia*. London: Edward Arnold.

Abrahamse, Dorothy. 1984. Rituals of Death in the Middle Byzantine Period. *Greek Orthodox Theological Review* 29(2): 125–134.

Adler, Marcus N. 1938. *The Itinerary of Benjamin of Tudela.* New York: P. Feldheim.

Anciens, Centre International D'Etude des des Textiles, ed. 1964. *Vocabulary of Technical Terms: Fabrics.* Lyons: Musee des Tissus.

Anderson, Jeffrey C. 1979. The Illustration of Cod. Sinai Gr. 339. *Art Bulletin* 61: 2 (June): 167–185.

——. 2000. A Note on the Sanctuary Mosaics of St. Demetrios, Thessalonike. *Cahiers Ardheologiques* 47: 55–65.

Angold, Michael. 1984. *The Byzantine Empire 1025–1204*. London and New York: Longman.

Asatekin, Gul et al. 1996. *Along Ancient Trade Routes*. Rekem–Lanaken, Belgium: Maasland.

Ashtor, E. 1961. Le coutde la vie dans la Syrie medievale. *Arabica* 8: 59–73.

Baer, Eva. 1983. *Metalwork in Medieval Islamic Art*. Albany: State University of New York Press.

Ball, Jennifer L. 2003. The Fabric of Everyday Life: The Procurement of Textiles in the Home. Paper given in *Byzantine Habitat: Class, Gender and Production*, Princeton, May 2003.

Barber, Charles. 1990. The Imperial Panels at S. Vitale: A Reconsideration. *Byzantine and Modern Greek Studies* 14: 19–42.

Barnes, Ruth and Joanne B. Eicher, eds. 1992. *Dress and Gender: Making and Meaning*. New York: St. Martin's Press.

Barthes, Rolande. 1990. *The Fashion System*. Translated by M. Ward and R. Howard. Berkeley: University of California Press.

Bauer, Rotraud. 1998. The Mantle of King Roger Ⅱ and related textiles in the Schatzkammer of Vienna: The Royal Workshop at the court of Palermo. Paper read at Interdisciplinary Approach to the Study and Conservation of Medieval Textiles, at Palermo, Italy.

Bearman, P. J. , Th. Bianquis, C.E. Bosworth, E. van Donzel, and W. P. Heinrichs. 2000. *The Encyclopedia of Islam: New Edition.* Leiden: Brill.

Bell, Gertrude Lowthian. 1907. *The Desert and the Sown*. London: William Heinemann.

Bellinger, A. R. and P. Grierson, eds. 1966. *Catalogue of the Byzantine Coins in the Dumbarton Oaks Collection and in the Whittemore Collection.* Washington, DC: Dumbarton Oaks Research Library and Collection.

Bernardini, Lisa. 1993. Les Donateurs des Églises de Cappadoce. *Byzantion* 62: 118–140.

Bertoniere, Gabriel. 1972. *The Historical Development of the Easter Vigil*. Rome: Pontifical Institutum Studiorum Orientalium.

Boak, A. E. R. 1928–1929. The Book of the Prefect. *Journal of Economis and Business History* 1(1929): 597–619.

Boeck, Elena. 2003. The Ideology of the Byzantine Body Politic: The Imperial Body in Visual Politics. Paper read at College Art Association 91st Annual Conference, at New York.

Bosworth, C.E. , E. van Donzel, B. Lewis, and Ch. Pellat, eds. 1986. *The Encyclopedia of Islam*. Leiden: E. J. Brill.

Bourae, L. 1977–1979. Architectural Scultpures. *DXAE* 9: 65.

Bradfield, N. 1938. *Historical Costumes of England from the Eleventh to the Twentieth Century*. London: George G. Harrap and Co. Ltd.

Breward, Christopher. 1998. Cultures, Identities, Histories: Fashioning a Cultural Approach to Dress. *Fashion Theory: The Journal of Dress, Body, and Culture* 2 (4): 301–314.

Brock, Sebastian and Susan Harvey. 1998. Pelagia of Antioch. *In Holy Women of the Syrian Orient*. Berkeley: University of California Press.

Brooks, E.W. 1900 and 1901. Byzantines and Arabs in the Time of the Early Abbassids. *English Historical Review* 15 and 16: 728–747 and 84–92.

Brydon, Anne and Sandra Niessen, eds. 1998. *Consuming Fashion: Adorning the Transnational Body*. New York: Berg.

Bury, J.B. 1911. *The Imperial Administrative System in the Ninth Century*. New York: Burt Franklin.

Butler, Judith. 1990. *Gender Trouble*. New York: Routledge.

Byrennios, Nikephoros. 1975. *Nicephore Byrennios, Histoire*. Translated by P. Gautier. Brussels: Byzantion.

Cameron, Alan. 1976. *Circus Factions, Blues and Greens at Rome and Byzantium.* Oxford: Oxford University Press.

Cameron, Averil. 1987. The Byzantine Book of Ceremonies. In *Rituals of Royalty: Power and*

Ceremonial in Traditional Societies, edited by D. Cannadine and S. Price. New York: Cambridge University Press.

Cameron, Averil and Amelie Kuhrt, eds. 1983. *Images of Women in Antiquity*. Detroit: Wayne State University Press.

Carroll, Diane Lee. 1988. *Looms and Textiles of the Copts: Fist Millennium Egyptian Textiles in the Carl Austin Rietz Collection of the California Academy of Sciences.* Vol. 11. Seattle: University of Washington Press.

Chatzidakis, Manolis. 1985. *Kastoria*. Athens: Melissa Publishing.

Chatzidakis, Nano. 1994. *Byzantine Mosaics*. Athens: Ekdotike Athenon.

Choi, Kyung-Hee. 1998. A Reading of John Skylitzes' Synopsis Historiarum: Contemporary Aspects in the Madrid Skylitzes Manuscript Illustrations. Seminar Paper, Institute of Fine Arts, New York University, New York.

Choniates, Niketas. 1984. *O City of Byzantium, Annals of Niketas Choniates*. Translated by H.J. Magoulias. Detroit: Wayne State University Press.

Church, Orthodox Eastern, ed. 1907. *Il Menologio di Basilio Ⅱ Codice Vaticano Greco 1613.* Rome: Fratelli Bocca.

CIETA. 1964. *Fabrics: A Vocabulary of Technical Terms.* Lyons: Centre Internationale d'Etudes Textiles Anciens.

Clari, Robert de. 1924. *La Conquete de Constantinople*. Translated by P. Lauer. Paris: E. Champion.

—— de. 1936. *The Conquest of Constantinople.* Edited by E.H. McNeal. New York: Columbia University Press.

Clark, Gillian. 1993. *Women in Late Antiquity*. Oxford: Clarendon Press.

Cohen, Lisa. 1999. "Frock Consciousness" : Virginia Woolf, the Open Secret, and the Language of Fashion. *Fashion Theory* 3(2): 149–174.

Collenberg, Wipertus H. Rudt de. 1971. Le "Thorakion." *Melanges d'Archaeologie et d'Histoire de l'Ecole Francaise de Rome* 83: 263–361.

Comnena, Anna. 1979. *The Alexiad*. Translated by E.R.A. Sewter. New York: Penguin.

Condurachi, E. 1935–1936. Sur L'origine et L'evolution du Loros Impérial. *Arta si Archeologia* 11–12: 37–45.

Connor, Carolyn and Robert Connor. 1994. *The Life and Miracles of St. Luke.* Brookline, MA: Hellenic College Press.

Constantine Ⅶ. 1829–1830. *Constantini Porphyrogeneti Imperiatoris De Ceremoniis aulae Byzantinae Libri Duo*. Edited by Reiske. 2 vols. Bonn: Impensis Ed. Weberi.

——. 1935. *Le Livre Des Ceremonies.* Translated by A. Vogt. 2 vols. Vol. Ⅰ–Ⅱ, *Les Belles Lettres*. Paris: Societe d'Edition.

——. 1949. *De Administrando Imperio*. Translated by R.J.H. Jenkins. Budapest: Pazmany Peter Tudomanyegyetemi Gorog Filolgiai Intezet.

Cormack, Robin. 1981. Interpreting the Mosaics of S. Sophia at Istanbul. *Art History* 4(2): 131–149.

Corrigan, Kathleen. 1992. *Visual Polemics in the Ninth-Century Byzantine Psalters*. New York: Cambridge University Press.

——. 1996. Constantine's Problems: The Making of the Heavenly Ladder of John Climacus, Vat. Gr. 394. *Word and Image* 12: 61–93.

Cremona, Liudprand of. 1993. *The Embassy to Constantinople and Other Writings*. Translated by F.A. Wright. Vermont: Charles E. Tuttle Co.

Croom, A.T. 2001. *Roman Clothing and Fashion*. Charleston, SC: Tempus Publishing Inc.

Crowfoot, Elizabeth. 1977. The Clothing of a Fourteenth-Century Nubian Bishop. In *Studies in Textile History*, edited by V. Gervers. Toronto: Royal Ontario Museum.

Crowfoot, E., F. Pritchard, and K. Staniland. 1992. *Textiles and Clothing*. London: HMSO.

Cutler, A. and J. -M. Spieser. 1996. *Byzance Médiévale 700–1204*. Paris: Gallimard.

Davenport, Millia. 1948. *The Book of Costume*. 2 vols. Vol. 1–2. New York: Crown Publishers.

Davids, Adelbert, ed. 1995. *The Empress Theophano: Byzantium and the West at the Turn of the First Millenium*. New York: Cambridge University Press.

Davis, Fred. 1992. *Fashion, Culture and Identity*. Chicago: University of Chicago Press.

Dawson, Tim. 1998. Kremasmata, Kabadion, Klibanion: Some aspects of middle Byzantine military equipment reconsidered. *Byzantine and Modern Greek Studies* 22: 38–50.

——. 2002. A Tunic from Eastern Anatolia. *Costume: The Journal of the Costume Society* 36: 93–99.

——. 2002. The Forms and Evolution of the Dress and Regalia of the Byzantine Court: c. 900–c. 1400. Doctoral Dissertation, University of New England, Melbourne.

Demetrakou, D. 1950. *Mega Lexikon tes Hellenikes Glosses*. Athens: Arkaios Ekdotikos Oikos.

Demus, Otto. 1949. *The Mosaics of Norman Sicily*. London: Routledge & Kegan Paul Ltd.

Dennis, George T. 1985. *Three Byzantine Military Treatises*. Washington, DC: Dumbarton Oaks

Research Library and Collection.

Dimitrescu, C.L. 1987. Quelques Remarques en marge du Coislin 79, Les Trois Eunuques. *Byzantion* 57: 32–46.

Drakaki, Eleni. 1998. The Akritan Cycle in the Decoration of Byzantine Pottery. Masters, Institute of Fine Arts, New York University, New York.

Drossoyianni, P.A. 1982. A Pair of Byzantine Crowns. *JOB* 32(3): 529–539.

Duffy, J.M. 1992. *Michael Pselli Philosophica Minora: Concerning the Power of Stones*. Vol. 1. Leipzig: B.G. Teubner. Typescript translation by T. Mathews, D. Katsarelias, V. Kalas, and S. Brooks.

Dufrenne, Suzy and Paul Canart. 1988. *Die Bibel des Patricius Leo*. Facsimile ed. Zurich: Belser.

Dujcev, Intro by Ivan. 1970. *To Eparchikon Biblion*. Translated by E.H. Freshfield. London: Variorum Reprints.

Durand, Jannic and et al. , eds. 1992. *Byzance: L'art byzantin dans les collections publiques françaises*. Paris: Bibliotheque Nationale.

E. Wiegand. 1935. Die Helladisch—Byzantinische Seidenweberei. In *Eis Mnemen Spuridonos Lamprou.* Athens.

Eastmond, Antony. 1998. *Royal Imagery in Medieval Georgia*. University Park: Pennsylvania State University Press.

Eastmond, Antony and Lynn Jones. 2001. Robing, Power, and Legitimacy in Armenia and Georgia. In *Robes and Honor*, edited by S. Gordon. New York: Palgrave.

Emmanuel, Melita. 1993–1994. Hairstyles and Headresses of Empresses, Princesses and Ladies of Aristocracy *DChAH* 17: 113–120.

Epstein, A.W. 1980. Middle Byzantine Churces of Kastoria: Dates and Implications. *Art Bulletin* 62: 190–207.

Ettinghausen, Richard and Oleg Grabar. 1994. *Art and Architecture of Islam, 650–1250*(New Haven: Yale University Press).

Evans, H. 1996. Kings and Power Bases: Sources for Royal Portraits in Armenian Cilicia. In *From Byzantium to Iran: In Honour of Nina Garsoian*, edited by J.P. Mahe and R.W. Thompson. Atlanta.

Evans, Helen. 1999. Imperial Aspirations: Armenian Cilicia and Byzantium in the Thirteenth Century (unpublished manuscript).

Evans, Helen C. and William D. Wixom, eds. 1997. *The Glory of Byzantium*. New York: Metropolitan Museum of Art.

Evans, Joan. 1952. *Dress in Medieval France*. Oxford: Clarendon Press.

Evert-Kappesowa, Halina. 1979. The Social Rank of a Physician in the Early Byzantine Empire (Ⅳth- Ⅶth Centuries A.D.). In *Byzance et Les Slaves Etudes de Civilisation Melanges ivan Dujcev*, edited by S. Dufrenne. Paris: Association des Amis des Etudes Archeologiques des Mondes Byzantino-Slaves et du Christinisme Oriental.

Evgenidou, Despoina et al. 2001. *The City of Mystras*. Translated by D. Hardy. Athens: Hellenic Ministry of Culture.

Fine, John V.A. 1987. *The Late Medieval Balkans*. Ann Arbor: University of Michigan Press.

——. 1991. *The Early Medieval Balkans.* Ann Arbor: University of Michigan Press.

Firatli, Nezih. 1955. *A Short Guide to the Byzantine Works of Art in the Archaeological Museum of Istanbul*. Istanbul: Istanbul Arkeoloji Müzeleri.

Fleischer, Jens, Oystein Hjort, and Mikael Bogh Rasmussen, eds. 1996. *Byzantium Late Antique and Byzantine Ant in Scandinavian Collections:* Ny Carlsberg Glyptotek.

Fourmy, M. -H. , and M. Leroy. 1934. La Vie de S. Philarete. *Byzantion* 9: 85–170. Furlan, Italo. 1981. *Codici Greci Illustrati Della Biblioteca Marciana*. Milan: Edizioni Stendhal.

Galavaris, George. 1995. *Zographike Vyzantinon cheirographon*. Athens: Ekdotike Athenon.

——. 1969. *The Illustrations of the Liturgical Homilies of Gregory Nazianzenus.* Princeton: Princeton University Press.

Galavaris, George P. 1958. The Symbolism of the Imperial Costume as Displayed on Byzantine Coins. *The American Numismatic Society Museum Notes* Ⅷ: 99–117.

Garber, Marjorie. 1995. *Vice Versa*. New York: Simon and Schuster.

Garland, Lynda. 1988. The Life and Ideology of Byzantine Women: A Further Note on Conventions of Behaviour and Social Reality as Reflected in Eleventh and Twelfth Century Historical Sources. *Byzantion* 58(2): 361–393.

Garland, Linda. 1999. *Byzantine Empresses: Women and Power in Byzantium*.

Garsoian, Nina G. 1994. History of Armenia. In *Treasures in Heaven*, edited by T.F. Mathews and R.S. Wieck. New York: The Pierpont Morgan Library.

Geanokoplos, Deno John. 1984. *Byzantium: Church, Society and Civilization Seen Through Contemporary Eyes*. Chicago: University of Chicago Press.

Georgacas, Demetrius J. 1959. Greek Terms for "Flax, " "Linen, " and their Derivatives;and the Problem of Native Egyptian Phonological Influence on the Greek of Egypt. *Dumbarton Oaks Papers* 13: 253–270.

Gerstel, Sharon. 1997. Saint Eudokia and the Imperial Household of Leo VI. *Art Bulletin* LXXIX

(4): 699–707.

Goitein, S.D. 1964. A Letter from Seleucia(Cilicia). *Speculum* 39(2): 298–303.

Golumbek, Lisa. 1988. The Draped Universe of Islam. In *Content and Context of Visual Arts in the Islamic World*, edited by P. Soucek. University Park, Pennsylvania: Pennsylvania State University Press.

Gordenker, Emily. 1998. Careless Romance: Van Dyck and Costumes in Seventeenth Century Portraiture. Ph.D. , Institute of Fine Arts, New York University, New York.

Gordon, Stewart, ed. 2001. *Robes and Honor: The Medieval World of Investiture*: Palgrave.

Grabar, Andre. 1936. *L'empereur dans I'art Byzantin*. Paris.

Grabar, Andre and M. Manoussacas. 1979. *L'Illustration du Manuscrit de Skylitzes de la Bibliotheque Nationale de Madrid.* Venice: Bibliotheque de L'Institut Hellenique d'Etudes Byzantines et Post–Byzantines de Venise.

Grabar, Oleg. 1987. *The Formation of Islamic Art*. New Haven: Yale University Press.

Grierson, Philip. 1966. Byzantine Gold Bullae, with a Catalogue of those at Dumbarton Oaks. *Dumbarton Oaks Papers* 20: 239–253.

Grierson, Phillip. 1973. *Catalogue of Byzantine Coins in the Dumbarton Oaks Collection and in the Whitenmore Collection.* Vol. Ⅲ, part 1. Washington, DC: Dumbarton Oaks Research Library and Collections.

Grierson, Philip. 1999. *Catalogue of Byzantine Coins in the Dumbarton Oaks Collection and in the Whitenmore Collection: Michael Ⅷ to Constantin.* 5 vols. Vol. V. Washington, DC: Dumbarton Oaks Research Library and Collection.

——. 1999. *Byzantine Coinage*. Washington, DC: Dumbarton Oaks Research Library and Collection.

Griffith, F.L. 1928. Oxford Excavations in Nubia: The Church at Abd El–Gadir Near the Second Cataract. *Annals of Archaeology and Anthropology* XV: 63–88.

Groebner, Valentin. 2001. Describing the Person, Reading the Signs in Late Medieval and Renaissance Europe: Identity Papers, Vested Figures, and the Limits of Identification, 1400–1600. In *Documenting Individual Identity: The Development of State Practices in the Modern World*, edited by Jane Caplan and John Torpey. Princeton: Princeton University Press.

Guilland, R. 1945. Sur Quelques Termes du Livre des Ceremonies de Constantin Ⅶ Porphyrogenete. *Revue des Etudes Greques* 58: 196–211.

——. 1948. Les Chapitres Relatifs au Costume et la Coiffure du Traite sur les Dignitaires du

Palais de Constantinople du Pseudo–Codinos. *Byzantion* 18: 127–138.

Gutas, Dimitri. 1998. *Greek Thought, Arabic Culture: The Graeco–Arabic Translation Movement in Baghdad and Early Abbasid Society (8th–10th centuries).* London and New York: Routledge.

Hackens, T. and R. Winkes. 1983. *Gold Jewelry: Craft, Style and Meaning from Mycenae to Constantinopolis.* Louvain.

Hadermann–Misguiche, Lydre. 1993–1994. Tissus de Pouvoir et Prestige sous Les Macedonians et Commenians. *DChAH* 17: 121–128.

Hagg, Inga. 1974. *Kvinnodrakten i Birka*. Uppsala: Uppsala University Institute of North European Archaeology.

Haldon, John. 1998. Military Service, Lands and the Status of Soldiers. *Dumbarton Oaks Papers* 47: 1–67.

Hanawalt, Emily Albu. 1988. *An Amnotated Bibliography of Byzantine Sources in English Translation*. Brookline, MA: Hellenic College Press.

Harris, H.A. 1972. *Sport in Greece and Rome*. Ithaca: Cornell University Press.

Harris, Jennifer, ed. 1993. *Textiles 5, 000 Years*. New York: Harry N. Abrams, Inc. , Publishers.

Harvey, John. 1995. *Men in Black*. Chicago: University of Chicago Press.

Hauqal, Ibn. 1964. *Configuration de la terre*. Translated by J.H.K. a.G. Wiet. 2 vols. Vol. I. Paris and Beirut: Editions GP Maisonneuve et Larose.

Haye, Amy de la and Elizabeth Wilson, eds. 1999. *Defining Dress: Dress as Object, Meaning and Identity*. Manchester and New York: Manchester University Press.

Head, Constance. 1982. *Imperial Byzantine Portraits.* New Rochelle, NY: Caratzas Brothers, Publishers.

Hein, Ewald, Andrija Jakovljevic, and Brigitte Kleidt. 1998. *Zypen Byzantinische Kirchen und Kloster: Cyprus*, Rafingen: Melina–Verlag.

Heller, Sarah–Grace. 2002. Fashion in French Crusade Literature: Desiring Infidel Textiles. *In Encountering Medieval Textiles and Dress*, edited by D. Koslin and J.E. Snyder. New York: Palgrave Macmillan.

Hendy, Michael F. 1969. *Coinage and Money in the Byzantine Empire, 1081–1204.* Washington, DC.

——. 1985. *Studies in the Byzantine Monetary Eonomy 300–1450.* Cambridge: Cambridge University Press.

——. 1999. *Catalogue of the Byzantine Coins in the Dumbarton Oaks Collection and in the*

Whittermore Collection: Alexius Ⅰ *to Michael* Ⅷ. Edited by D. Oaks. Washington, DC: Dumbarton Oaks Research Library and Collection.

Herrin, Judith. 1983. In Search of Byzantine Women: Three Avenues of Approach. *In Images of Women in Antiquity,* edited by A. Cameron and A. Kuhrt. Detroit: Wayne State University Press.

——. 2000. The Imperial Feminine in Byzantium. *Past and Present* 169: 3–35.

Hill, Barbara. 1997. Imperial Women and the Ideology of Womanhood in the Eleventh and Twelfth Centuries. In *Women, Men and Eunuchs: Gender in Byzantium*, edited by L. James. London and New York: Routledge.

——. 1999. *Imperial Women in Byzantium 1025–1204.*

Hill, Barbara, Liz James, and Dion Smythe. 1994. Zoe: The Rhythm Method of Imperial Renewal. In *New Constantines: The Rhythm of Imperial Renewal in Byzantium, 4th–13th Centuries*, edited by P. Magdalino. Brookfield, VT: Variorum.

Hillenbrand, Robert. 1999. *Islamic Art and Ardhitecture*. London: Thames and Hudson.

Hilsdale, Cecily. 2005. Diplomacy by Design: Rhetorical Strategies of the Byzantine Gift. Ph.D. , Art History, University of Chicago, Chicago.

Hoeniger, Cathleen. 1992. Le Stoffe nella pittura Veneziana de Trecento. *La Pittura nel Veneto: Il Trecento* 2: 442–462.

Hollander, Anne. 1978. *Seeing Through Clothes*. New York: Viking Press.

Houston, Mary G. 1954. *Ancient Egyptian, Mesopotamian and Persian Costume*. London: Adam and Charles Black.

Houston, Mary G. 1959. *Ancient Greek, Roman and Byzantine Costume and Decoration*. London: Adam and Charles Black.

Ierusalimskaja, Anna A. and Birgitt Borkopp. 1996. *Von China Nach Byzanz*. Munich: Herausgegeben vom Bayerischen National museum und der Staatlichen Ermitage.

Innemee, Karel C. 1992. *Ecclesiastical Dress in the Medieval Near East*. Leiden: E.J. Brill.

Ivison, Eric Addis. 1993. Mortuary Practices in Byzantium(c. 950–1453): An Archaeological Contribution. Doctoral Thesis, Centre for Byzantine and Modern Greek Studies, University of Birmingham, Birmingham, England.

Jacoby, D. 1991–1992. Silk in Western Byzantium before the Fourth Crusade. *Byzantine Zeitschrift* 84–85: 452–500.

James, Liz, ed. 1997. *Women, Men and Eunuchs: Gender in Byzantium*. London and New York: Routledge.

Jeffreys, Elizabeth, ed. 1998. *Digenis Akritis*. Cambridge: Cambridge University Press.

Jerphanion, Guillaume de. 1930. Le “Thorakion” Caracteristique Iconographique du XIe Siecle. In *Melanges Charles Diehl.* Paris: E. Leroux.

Johnson, Mark J. 1999. The Lost Royal Portraits of Gerace and Cefalu Cathedrals. *Dumbarton Oaks Papers*: 237–259.

Jolivet–Lévy, Catherine. 1982. La Glorification de I’Empereur a l’Église du Grand Pigeonnier. *Histoire et Archéologie* 63: 73–77.

——1991. *Les Églises Byzantines de Cappadoce.* Paris: éditions du Centre National de la Récherche Scientifique.

Kadar, Zoltan. 1978. *Survivals of Greek Zoological Iluminations in Byzantine Manuscripts*. Budapest: Akademiai Kiado.

Kalamara, Pari. 1995. Endyma: E Tautoteta tes Byzantines Koinonias. *Deltion tes Christianikes Arkailogikes Etaireias* 4: 33–38.

Kalamara, Paraskeve. 1995. Le Systeme Vestimentaire a Byzance du IVe jusqu’a la fin du XIe siecle. Ph.D. , Histoires et Civilaxations, Ecole des Hautes Etudes en Sciences Sociales, Pars.

Kalas, Veronica. 2000. Rock–Cut Architecture of the Persitrema Valley: Society and Settlement in Byzantine Cappadocia. Doctoral Dissertation, Institute of Fine Arts, New York University, New York.

Kalevrezou, Ioli, N. Trahoulia, and S. Sabar. 1993. Critique of the Emperor in the Vatican Psalter Gr. 752. *Dumbarton Oaks Papers* 47: 195–219.

Kalevrezou–Maxeiner, Ioli. 1977. Eudokia Makrembolitissa and the Romanos Ivory. *Dumbarton Oaks Papers* 31: 306–325.

Kazhdan, Alexander. 1998. Women at Home. *Dumbarton Oaks Papers* 52: 1–17.

Kazhdan, Alexander and Alice–Mary Talbot. 1998. *Dumbarton Oaks Hagiography Database of the 8th–10th Centuries.* Washington, DC: Dumbarton Oaks.

Kazhdan, Alexander and Giles Constable. 1982. *People and Power in Byzantium*. Washington, DC: Dumbarton Oaks.

Kazhdan, Alexander P. , ed. 1991. *The Oxford Dicionary of Byzantium*. 3 vols. Oxford: Oxford University Press.

Kazhdan, A.P. and Ann Wharton Epstein. 1985. *Change in Byzantine Culture in the Eleventh and Twelfh Centuries.* Berkeley: University of California Press.

Kendrick, A.F. 1925. *Catalogue of Early Medieval Woven Fabrics.* London: Printed under the authority of the Board of Education.

Kennedy, H. 1992. Byzanatine-Arab Diplomacy in the Near East from the Islamic Conquests to the Mid Eleventh Century. In *Byzantine Diplomacy*, edited by J. Shepard and S. Franklin. Brookfield, VT: Variorum.

Kidwell, Claudia Brush and Valerie Steele, eds. 1989. *Men and Women: Dressing the Part*. Washington, DC: Smithsonian Institution Press.

Kinnamos, John. 1976. *The Deeds of John and Manuel Comnenus*. Translated by C. Brand. New York.

Kitzinger, Ernst. 1963. Some Reflections on Portraiture in Byzantine Art. *Zbornik Radova Vizantoloskoginstituta* 8: 185–193.

Kolias, Taxiarchis. 1982. Kamelaukion. *JOB* 32(3): 493–502.

Kondakov, N.P. 1924. Les Costumes Orientaux a la Cour Byzantine. *Byzantion* 1: 7–49.

Koslin, Desiree. 1999. The Dress of Monastic and Religious Women as seen in Art from the Early Middle Ages to the Reformation. Ph.D. , Institute of Fine Arts, New York University, New York.

Koslin, Desiree and Janet E. Snyder. 2002. *Encountering Medieval Textiles and Dress*. New York: Palgrave Macmillan.

Kotsis, Krizsta. 2000. The Gold Coinage of Irene from Constantinople(797–802). Paper read at Byzantine Studies Conference, at Harvard University.

Koukoules, Phaidonos. 1948. *Vyzantinon Vios kai Politismos*. Vol. 2, part 2 pp. 5–59. Athens: Eortai kai Panagirismoi Erta Eupopas Epaggelmata kai midroemporion.

Koukoules, Phaidonos I. 1949. Rules and Interpretations in the Accounts of the Imperial Order of Constantine Porphyrogennitos and the Kleterologion of Philotheos(trans. of title mine). *Epetiris etaireias byzantinon spoudon* 19: 75–115 (mention of Kondomakia on p. 79).

Kyriakis, Michael. 1976. Medieval European Society as seen in Two Eleventh Century Texts of Michael Psellos. *Etudes Byzantines* 3(1–2): 77–100.

Laiou, Angeliki. 1981. The Role of Women in Byzantine Society. *Jahrbuch Osterreich Byzantinische* 31(1): 249–260.

Laver, James. 1995. *Costume and Fashion*. Revised and Expanded ed. New York: Thames and Hudson.

Lazarev. 1967. *Storia della Pittura Bizantina*: Giulio Einaudi Editore.

Leib, Bernard, trans. 1967. *Anna Comnene Alexiade*. Paris: Société d'Édition "Les Belles Lettres."

Lewis, Charlton T. and Charles Short. 1969. *A Latin Dictionary*. Oxford: Clarendon Press.

Liddell, Henry George and Robert Scott. 1867–1939. *A Greek–English Lexicon*. Revised ed. Oxford: Clarendon Press.

Lounghis, T.C. 1980. *Les Ambassades Byzantines en Occident Depuis La Fondation des Etats Barbares Jusqu'aux Crusades (407–1090).* Athens: T.C. Lounghis.

Lowden, John. 1997. *Early Christian and Byzantine Art*. London: Phaidon.

Lowden, John. 1992. The Luxury Book as Diplomatic Gift. In *Byzantine Diplomacy*, edited by J. Shepard and S. Franklin. Brookfield, VT: Variorum.

Macrides, Ruth. 1992. Dynastic Marriages and Political Kinship. In *Byzantine Diplomacy*, edited by J. Shepard and S. Franklin. Brookfield, VT: Variorum.

Magdalino, Paul. 1987. Observations on the Nea Ekklesia of Basil I. *Jahrbuch der Osterreichischen Byzantinistik* 37: 51–64.

Magdalino, P. and R. Nelson. 1982. The Emperor in the Byzantine art of the Twelfth Century. *Byzantine Forschungen* 8: 123–183.

Maguire, Eunice Dauterman. 1999. *Weavings from Roman, Byzantine and Islamic Egypt: The Rich Life and the Dance*. Champaign: Krannert Art Museum.

Maguire, Eunice Dauterman, Henry P. Maguire, and J.D. Maggie. 1989. *Art and Holy Powers in the Early Christian House*. Urbana and Chicago: University of Illinois Press.

Maguire, Henry. 1995. A Murderer Among Angels: The Frontispiece Miniatures of Paris Gr. 510 and the Iconography of the Archangels in Byzantine Art. In *The Sacred Image East and West*, edited by R. Ousterhout and L. Brubaker. Urbana: University of Illinois Press.

——. 1997. Images of the Court. In *The Glory of Byzantium*, edited by New York: The Metropolitan Museum of Art.

——. 1997. *Byzantine Court Culture from 829 to 1204.* Washington, DC: Dumbarton Oaks Research Library and Collection.

Malalas, John. 1986. *The Chronicle of Joln Malalas*. Translated by E. Jeffreys, M. Jeffreys and R. Scott. Melbourne: Australian Association for Byzantine Studies.

Malmquist, Tatiana. 1979. *Byzantine 12th Century Frescoes in Kastoria, Figura—Nova Series*. Uppsala: Uppsala University.

Mango, Cyril. 1986. *Art of the Byzantine Empire 312–1453: Sources and Documents*. Toronto: University of Toronto Press.

Mango, Cyril and Roger Scott. 1997. *The Chronide of Theophanes Confessor*. Oxford: Clarendon Press.

Maniatis, George C. 1999. Organization, Market Structure, and Modus Operandi of the Private Silk Industry in Tenth–Century Byzantium. *Dumbarton Oaks Papers*: 53: 263–332.

Martin, John Rupert. 1954. *The Illustration of The Heavenly Ladder of John Climacus*. Princeton: Princeton University Press.

Martiniani–Reber, Marielle. 2000. *Parure d'une princesse Byzantine: tissues archéologiques de Sainte–Sophie de Mistra.* Geneva: Musées d'art et d'histoire.

——. 1986. *Lyon Musee Historique des tissus de Lyon: Soieries*. Lyons: Musee Historique des Tissus.

——. 1990. Les Tissus de Saint Germain. *Auxerre* 173–176.

——. 1997. *Textiles et mode Sassanides*. Paris: Musee du Louvre.

Mathews, Thomas F. 1998. *Byzantium: From Antiquity to the Renaissance*. New York: Harry N. Abrams, Inc.

Mathews, T.F. , and A. –C. Daskalakis. 1997. The Portrait of Princess Marem of Kars, Jerusalem 2556, fol. 135b. In *From Byzantium to Iran: In Honour of Nina Garsoian*, edited by J.P. Mahe and R.W. Thompson. Atlanta: Scholars Press.

Mathews, Thomas F. and Annie–Christine Daskalakis Mathews. 1997. Islamic–Style Mansions in Byzantine Cappadocia and the Development of the Inverted T–Plan. *The Journal of the Society for Architectural Historians* 56(3): 294–315.

McCormick, Michael. 1985. Analyzing Imperial Ceremonies. *JOB* 35: 1–20.

——. 1986. *Eternal Victory: Triumphal Rulership in Late Antiquity, Byzantium, and the Early Medieval West*. Cambridge: Cambridge University Press.

McGeer, Eric. 1995. *Sowing the Dragon's Teeth: Byzantine Warfare in the Tenth Century*. Washington, DC: Dumbarton Oaks Research Library and Collection.

Meritt, Benjamin Dean, ed. 1931. *Greek Inscriptions 1896–1927*. Vol. Ⅷ, Part Ⅰ, *Corinth*. Cambridge, MA: Harvard University Press.

Mihaescu, H. 1981. Les Termes Byzantins βίρρον, βίρρος "Casaque, Tunique d'Homme" et γοῦνα "Fourrure" *Revue des etudes sud–est europeenes* XIX : 425–432.

——. 1986. La Terminologie d'origine latine des vetements dans la litterature byzantine. In *Byzance: Hommage a Andre N. Stratos*. Athens: N.A. Stratas.

Minaeva, Oksana. 1996. *From Paganism to Christianity: Fornation of Medieval Bulgarian Art (681–972)*. New York: Peter Lang.

Minorsky, V. 1950. Maravazi on the Byzantines. *Anmuaire de l'Institut de Philologie et d'Histoire*

Orientales et Slaves X : 462.

Morgan, Charles H. 1942. *The Byzantine Pottery*. Vol. XI, *Corinth*. Cambridge: Harvard University Press.

Morrison, and Cheynet. 2002. *Economic History of Byzantium* <http: //www. doaks. org/EHB. html>Dumbarton Oaks 2002?(cited 2002).

Morrisson, Cecile and Jean-Claude Cheynet. 2002. Prices and Wages in the Byzantine World. In *The Economic History of Byzantium from the Seventh through the Fifteenth Century*, edited by A. E. Laiou. Washington, DC: Dumbarton Oaks Research Library and Collection.

Museum, Bayerisches National. 1955. *Sakrale Gewander des Mittelhalters*. Munich: Bayerisches National Museum.

Musto, Jean-Marie. 1994. On Pearls. Masters, Institute of Fine Arts, New York University, New York.

Muthesius, Anna. 1995. The Impact of the Mediterranean Silk Trade on Western Europe before 1200 AD. In *Studies in Byzantine and Islamic Silk Weaving*, edited by A. Muthesius. London: The Pindar Press.

——. 1995. The Role of Byzantine Silks in the Ottonian Empire. In *Studies in Byzantine and Islamic Silk Weaving*, edited by A. Muthesius. London: Pindar Press.

——. 1995. *Studies in Byzantine and Islamic Silk Weaving*. London: Pindar Press.

——. 1997. *Byzantine Silk Weaving AD 400 to AD 1200*. Vienna: Verlag Fassbaender.

Nicol, Donald M. 1996. *The Last Centuries of Byzantium, 1261–1453*. Cambridge: Cambridge University Press.

Oakeshott, Walter. 1967. *The Mosais of Rome from the Third to the Fourteenth Centuries*. London: Thames and Hudson.

Oikonomidès, Nicolas. 1972. *Les Listes de Preseance Byzantines du IXe et Xe Siecle*. Paris: Editions du Centre National de la Recherche Scientifique.

Oikonomides, Nikolas. 1990. The Contents of the Byzantine House. *Dumbarton Oaks Papers* 44: 205–214.

Omont, Henri. 1929. *Miniature des Plus Anciens Maruscrits Grecs de la Bibiotheque Nationale du VIe au XIVe Siede*. Paris: Champion.

Parani, Maria. 2003. *Reconstructing the Reality of Images: Byzantine Material Culture and Religious Iconography(11th–15th Centuries)*. Leiden and Boston: Brill.

Pelekanidis, S.M. , P.C. Christou, Ch. Tsioumis, and S.N. Kadas. 1975. *The Treasures of Mount*

Athos: Illuminated Manuscripts. Vol. 2. Athens: The Patriarchal Institute for Patristic Studies.

Philon, Helen. 1980. *Early Islamic Ceramics*. Athens: Benaki Museum.

Phourikes, P.A. 1923. Peri tou etymou ton lexeon skaramangion, kabbadion, skaranikon. *Lexikographikon Archeion tes meses kai neas hellenikes* 6: 444–473.

Piguet–Panayotova, Dora. 1987. *Recherches sur la peinture en Bulgarie du bas Moyen Age*. Paris: De Boccard.

Piltz, Elisabeth 1976. *Trois Sakkoi Byzantines*. Stockholm: Almqvist and Wiksell International.

——. 1977. *Kamelaukion et Mitra*. Stockholm: Almqvist and Wiksell International.

——. 1994. *Le Costume Officiel des Dignitaires Byzantins a L'Epoque Paleologue.* Uppsala: S. Academie Upsaliensis.

——. 1997. Middle Byzantine Court Costume. In *Byzantine Court Culture from 829–1204*, edited by H. Maguire, Washington, DC: Dumbarton Oaks Research Library and Collection.

Piponnier Francoise and Perrine Mane. 1997. *Dress in the Middle Ages*. Translated by C. Beamish. New Haven: Yale University Press.

Pisetsky, R. Levi. 1964. *Storia del Costume in Italia*. Milan: Istituto Editoriale Italiano.

Powstenko, Olexa. 1954. *The Cathedral of St. Sophia in Kiev*. Vol. Ⅲ–Ⅳ, *The Annals of the Ukrainian Academy of Arts and Sciences in the U. S.* New York: Ukrainian Academy of Arts and Sciences in the United States.

Procopius. 1981. *The Secret History*. Translated by G.A. Williamson. New York: Penguin Books.

Psellos, Michael. 1926. *Chronographie*. Translated by E.Renauld. Vol. Ⅵ. Paris: Societe D'Edition Les Belles Lettres.

Psellus, Michael. 1966. *14 Byzantine Rulers*. Translated by E.R.A. Sewter. London: Penguin Classics.

Puff, Helmut. 2002. The Sodomite's Clothes: Gift–Giving and Sexual Excess in Early Modern Germany and Switzerland. In *The Material Cuture of Sex, Procreation and Marriage in Premodern Europe*, edited by Anne L. McClanan and Karen Rosoff Encarnaci6n. New York: Palgrave.

Randsborg, Klavs. 1991. *The Fist Millenium AD in Europe and the Mediterranean*. Cambridge: Cambridge University Press.

Restle, Marcell. 1967. *Byzantine Wall Painting in Asia Minor*. Translated by I.R. Gibbons. 3 vols. Greenwich, CT: New York Graphic Society Ltd.

Revel–Neher, Elisabeth. 1992. *The Image of the Jew in Byzantine Art.* Translated by D. Maizel. New York: Pergamon Press.

Ribeiro, Aileen. 1998. Re–Fashioning Art: Some Visual Approaches to the Study of the History of Dress. *Fashion Theory: The Journal of Dress, Body, and Culture* 2(4): 315–326.

Rodley, Lyn. 1986. *Cave Monasteries of Byzantine Cappadocia*. New York: Cambridge University Press.

Rosenquist, Jan Olof. 1986. *The Life of St. Irene Abbess of Chrysobalanton.* Uppsala: Almquist and Wiksell International.

Ross, James Bruce and Mary Martin McLaughlin, eds. 1977. *The Portrable Medieval Reader*. New York: Penguin Books.

Russell, John. 1992. *The Cleveland Museum of Art: Masterpieces from East and West*. New York: Rizzoli.

Sabi, Hilal al. 1977. *The Rules and Regulations of the Abbasid Court*. Translated by E.A. Salem. Beirut: The American University of Beirut.

Sayre, Pamela G. 1986. The Mistress of Robes—Who Was She? *Byzantine Studies* 13(2): 229–239.

Schmedding, Brigitta. 1978. *Mittelalteriche Textilen in Kirchen und Klostern der Schweiz.* Bern: Stampfli & Cie Ag.

Scranton, Robert L. 1957. *Mediaeval Architecture in the Central Area of Corinth*. Vol. XVI, *Corinth*. Princeton: The American School of Classical Studies at Athens.

Sebesta, Judith Lynn, and Larissa Bonfante, eds. 1994. *The World of Roman Costume*. Madison: The University of Wisconsin Press.

Sevcenko, Ihor. 1962. The Illuminators of the Menologium of Basil II. *Dumbarton Oaks Papers* 16: 245–276.

Sevcenko, Nancy. 2000. Approaching the Virgin. Paper read at The Branner Forum, at Columbia University.

Shaw, Henry. 1843. *Dresses and Decorations of the Middle Ages from the Seventh to the Seventeenth Centuries.* London: William Pickering.

Shaw, M.R.B. , trans. 1985. *Chronicle of the Crusades: Joinville and Villehardouin*. New York: Dorset Press.

Shepard, Jonathan. 1997. Silks, Skills and Opportunities in Byzantium: Some Reflexions. *Byzantine and Modern Greek Studies* 21: 246–257.

Shepard, Jonathan and SimonFranklin, eds. 1992. *Byzantine Diplomacy: Papers of the 24th Spring Symposium of Byzantine Studies, March 1990*. Brookfield, VT: Ashgate.

Sijpesteijn, Petra. 2004. "A Request to Buy Colored Silk. " In *Gedenkschrjft Ulrike Horak* 2 vols. , ed. Ulrike Horak, Hermann Harraver, and Rosario Pintaudi (Firenze: Gonnelli).

Skawran, Karin M. 1982. *The Development of Middle Byzantine Fresco Painting in Greece.* Pretoria: University of South Africa.

Skylitzes, John. 2000. *Synopsis Historiarum(facsimile).* Athens: Miletos.

Smith, R.R.R. 1988. *Hellenistic Royal Portraits*. Oxford: Clarendon Press.

Smythe, D.C. 1992. Why do Barbarians stand round the emperor at diplomatic receptions? In *Byzantine Diplomacy*, edited by J. Shepard and S. Franklin. Brookfield, VT: Variorum, pp. 305–312.

Sophocles, E.A. , ed. 1957. *Greek Lexicon of the Roman and Byzantine Periods*. Vol. Ⅰ – Ⅱ. New York: Frederick Ungar Publishing Company.

Soteriou Georgios. 1953. *Epeteris Hetaireias Byzantion Spoudon.* Vol. 23. Athens.

Sotheby's. 1998. *An Important Private Collection of Byzantine Coins.* New York: Sotheby's.

Sourdel, Dominique. 2001. Robes of Honor in Abbasid Baghdad During the Eighth to Eleventh Centuries. In *Robes and Honor*, edited by S. Gordon. New York: Palgrave.

Spatharakis, Iohannis. 1976. *The Portrait in Byzantine Illuminated Manuscripts.* Leiden: E.J. Brill.

Spatharakis, I. 1980. Observations on a Few Illuminations in Ps.–Oppian's Cynegetica Ms. at Venice. *Thesaurismata* 17: 22–35.

Spatharakis, Ioannis. 1996. Three Portraits of the Early Comnenian Period. In *Studies in Byzantine Manuscript Ilumination and Iconography*, edited by I. Spatharakis. London: Pindar Press.

Starensier, A. 1982. An Art Historical Study of the Silk Industry. Doctoral dissertation, Art History, Columbia University, New York.

Stauffer, Annemarie. 1995. *Textiles of Late Antiquity*. New York: The Metropolitan Museum of Art.

Steele, Valerie. 1998. A Museum of Fashion is more than a Clothes Bag. *Fashion Theory: The Journal of Dress, Body, and Culture* 2(4): 327–336.

Stephenson, Paul. 2000. *Byzantium's Balkan Frontier*. Cambridge: Cambridge University Press.

Stillman, Y.K. 1972. Female Attire of Medieval Egypt According to the Trousseau Lists and Cognate Material from the Cairo Geniza. Dissertation, An History, University Pennsylvania, Philadelphia.

Stillman, Yedida K. 1997. Textiles and Patterns Come to Life Through the Cairo Geniza. In *Islamische Textilkunst des Mittelalters: Aktuelle Probleme*, edited by R. Berichte. Riggisberg: Abegg–

Stiftung.

Stillman, Yedida Kalfon. 2000. *Arab Dress from the Dawn of Islam to Modern Times*. Leiden: Brill.

Sullivan, Denis. 1987. *The Life of St. Nikon*. Brookline, MA: Hellenic College Press.

Sytlianou, Andreas and Judith A. Stylianou. 1985. *The Painted Churches of Cyprus*. London: Trigraph for the A. G. Leventis Foundation.

Talbot, Alice–Mary, ed. 1996. *Holy Women of Byzantium*. Washington, DC: Dumbarton Oaks Research Library and Collection.

Talley, Thomas J. 1986. *The Origins of the Liturgical Year*. New York: Pueblo Publishing Company.

Taylor, Lou. 1998. Doing the Laundry?A Reassessment of Object–based Dress History. *Fashion Theory: The Journal of Dress, Body, and Culture* 2(4): 337–358.

Teteriatnikov, Natalia. 1996. Hagia Sophia: The Two Portraits of the Emperors with Moneybags as a Functional Setting. *Arte Medievale* Ⅱ(1): 47–66.

Thanopoulos, Georgios I. 1993. *"Ho Digenes Akrites" Escorial kai to Heroiko Tragoudi "Tou Huiou tou Andronikou: " Koina Typika Morphologika Stoicheia tes Poietikes tous.* Athens: Synchron Ekdotike.

Thierry, Jean–Michel. 1987. *Armenian Art*. New York: Harry N. Abrams, Inc.

Thomas, John and Angela Constantinides Hero, eds. 2000. *Byzantine Monastic Foundation Documents*. Washington, DC: Dumbarton Oaks Research Library and Collection.

Thomas, Thelma K. 1990. *Textiles from Medieval Egypt*, A.D. 300–1300. Pitsburgh: Carnegie Museum of Natural History.

Tinnefeld, Franz. 1993. Ceremonies for Foreign Ambassadors at Court of Byzantium and their Political Background. *Byzantinische Forschungen* 19: 193–213.

Tobias, Norman and Anthony R. Santoro. *An Eyewitness to History: The Short History of Nikephoros Our Holy Father the Patriarch of Constantinople.* Massachusetts: Hellenic College Press.

Treadgold, Warren T. 1979. Bride–Shows of the Byzantine Emperors. *Byzantion* 49: 395–413.

Tritton, A.S. 1970. *The Caliphs and their Non–Muslim Subjects*. London: Oxford University Press.

Turtledove, Harry. 1982. *The Chronicle of Theophanes*. Translated by H. Turtledove. Philadelphia: The University of Pennsylvania Press.

Underwood, Paul A. 1966. *The Kariye Djami*. 4 vols. Vol. 1–4. New York: Pantheon Books.

Vandervin, J.P.A. 1980. *Travellers to Greece and Constantinople*. Vol. Ⅱ. Istanbul: Nederlands

Historisch–Archaeologisch Institute Istanbul.

Vasiliev, A.A. 1932. Harun Ibn Yahya and his Description of Constantinople. *Seminarium Kondakovianum* 5: 149–163.

Vryonis, Speros. 1957. The Will of Eustathius Boilas. *Dumbarton Oaks Papers* 11: 271.

——. 1971. *The Decline of Medieval Hellenism in Asia Minor*. Berkeley: University of California Press.

—— . 1997. The Vita Basilii of Constantine Porphyrogennetos and the Absorption of Armenians in Byzantine Society. In *Studies in Byzantine Institutions, Society and Culture*, edited by Speros Vryonis Jr. New Rochelle: Aristide D. Caratzas.

Vryonis, Speros Jr. 1971. The Will of a Provincial Magnate, Eustathius Boilas. In *Byzantium: Its Internal History and Relations to the Muslim World*, edited by S.V. Jr. London: Variorum Reprints.

Ward, Benedicta. 1984. *The Sayings of the Desert Fathers*. Kalamazoo, Michigan: Cistercian Publications.

Webb, Ruth. 1997. Salome's Sisters: The Rhetoric and Realities of Dance in Late Antiquity and Byzantium. In *Women, Men and Eunuchs: Gender in Byzantium*, edited by L. James. New York: Routledge.

Weitzmann, Kurt. 1971. *Studies in Classical and Byzantine Manuscript Illumination*. Chicago: University of Chicago Press.

——, ed. 1979. *The Age of Spirituality*. New York: Metropolitan Museum of Art. Weitzmann, Kurt and George Galvaris. 1990. *The Monastery of Saint Catherine at Mount Sinai: The Illuminated Manuscripts, Volume 1, From the Ninth to the Twelfth Century*. Princeton: Princeton University Press.

Wessel, K. 1976. Kaiserbild. In *Reallexicon zur Byzantinischen Kunst*, edited by K. Wessel and M. Restle. Himmelsleiter and Kastoria: Anton Hiersemann.

Wharton, Annabel Jane. 1988. *Art of Empire*. University Park: Pennsylvania State University Press.

White, Despina Stratoudaki and Joseph R. Berrigan. 1982. *The Patriarch and the Prince*. Brookline, MA: The Holy Cross Orthodox Press.

Whittow, Mark. 1996. *The Making of Byzantium, 600–1025*. Berkeley: University of California Press.

Wllett, C. and Phillis Cunnington. n.d. *Handbook of English Medieval Costume*. London: Faber and Faber Limited.

Woodfin, Warren. 2002. Late Byzantine Liturgical Vestments and the Iconography of Sacerdotal

Power. Doctoral thesis, Art History Department, University of Illionois, Urbana–Champagne.

Wortley, J. 1974. The Vita Sancti Andreae Sali as a Source Byzantine Social History. *Societas* 4(1): 1–20.

York Archaeological Trust. 1993. *The Small Finds*. The Archaeology of York 17. Edited by P.V. Addyman. London: Council for British Archaeology.

附录

拜占庭中期的服装残片

附录1

织物名称：残片

收藏地点：修道院，圣沙夫雷教堂（St. Chaffre）

登记号：未编号

时间：公元10世纪

尺寸：52.5厘米×64.5厘米

产地：拜占庭，可能是君士坦丁堡

材质：丝绸，斜纹

残片描述：残片的中心位置是葡萄藤蔓图案，狮身鹰首兽格里芬（griffins）围绕着葡萄藤蔓左右分布，在格里芬喙下的边缘位置有小狗的形象。在葡萄藤蔓下部的茎蔓上有一对鸟，在葡萄藤蔓的顶端有一对四足动物。残片的地色为红色，图案由深绿棕色、黄色和米白色交织而成。

附录2

织物名称：残片

收藏地点：柏林，夏洛滕堡宫，装饰艺术博物馆（Kunstgewerbemuseum）

登记号：78.458

时间：公元10—11世纪

尺寸：15.5厘米×28.5厘米

产地：拜占庭

材质：丝绸，斜纹

残片描述：这块残片是由3块碎片缝合在一起组成的。残片上有菱形纹样，菱形内填充叶形图案，在叶形图案的周围有一圈联珠环，在环与环之间填充有叶片。残片的地色为红色。

附录3

织物名称：残片

收藏地点：荷兰马斯特里赫特（Maastricht），圣塞尔瓦提乌斯（St. Servatius）

登记号：6

时间：公元10世纪

尺寸：约33厘米 ×20厘米

产地：拜占庭

材质：丝绸

残片描述：残片上有四足动物（可能是公牛），由叶片形成的两个正方形分布在四足动物的两侧。在残片的左下角还能看到第三个正方形的一部分。残片的地色为黄色，图案骨架为交波形结构，形成了桃形单元图案，并由深蓝色和红色交织而成。

附录4

织物名称：残片

收藏地点：伦敦，维多利亚与艾尔伯特博物馆（Victoria and Albert Museum）

登记号：T.762和A-1893

时间：公元8世纪或9世纪

尺寸：50.8厘米 ×10.2厘米

产地：拜占庭

材质：丝绸，斜纹

残片描述：残片的图案上有一位战车手的形象，可能是位皇帝，他站在一辆四马二轮的战车上，残片的地色为红色，图案以红、黄、绿、白四色交织而成。

附录5

织物名称：圆形图案

收藏地点：锡安，大教堂金库（Cathedral Treasury）

登记号：未编号

时间：公元10—11世纪

尺寸：51.3厘米 ×107.5厘米

产地：拜占庭，可能是君士坦丁堡

材质：丝绸，斜纹

残片描述：圆形中有两只狮身鹰首兽格里芬用后腿支起身体，面对面对称排列。原图案应该是由红色和黄色相间形成，格里芬的眼睛是蓝色。格里芬填充在一个黄色的圆形内，在圆形与圆形之间填充有叶形图案。圆形由两个圆环环绕而成，即一个小的联珠环和一个较宽的叶形环。

附录6

织物名称：圆形图案

收藏地点：法国北部的桑斯大教堂金库（Sens Cathedral Treasury）

登记号：B140

时间：公元8—9世纪

尺寸：9.7厘米 × 10.6厘米

产地：拜占庭

材质：丝绸，斜纹

残片描述：简单的圆形内填充有王子的人物形象，人物留着齐肩长发，戴着一条精致的珍珠项链。在人物下方可以看到由两个叶形图案，似乎是一个较大的圆形图案的边缘装饰。残片的地色为红色，图案为绿色。

附录7

织物名称：圆形图案

收藏地点：梵蒂冈，萨克罗博物馆（Sacro Museo）

登记号：T118

时间：公元8—9世纪

尺寸：42.2厘米 × 34.7厘米

产地：拜占庭

材质：丝绸，斜纹

残片描述：图案的单位圆形是由叶片和联珠环绕而成，在圆形与圆环之间饰有星形图案。在联珠环内填充有一对猎人的形象，每位猎人正在用长矛刺狮子的后腿，一对猎人面对面呈左右对称分布，在猎人中间是一棵棕榈树。在这个场景的下方还有另外一对猎人的形象，每位猎人正用长矛刺老虎，这对猎人背对背呈左右对称分布。残片的地色为红色，图案由黄色、绿色、米白色交织而成。

附录8

织物名称：圆形图案

收藏地点：荷兰马斯特里赫特（Maastricht），圣塞尔瓦提乌斯教堂（St. Servatius）

登记号：24和37-6

时间：公元8—9世纪

尺寸：55厘米×53厘米（最大尺寸）

产地：拜占庭

材质：丝绸，斜纹

残片描述：在圆形图案内有两个长矛手站立在柱子上，他们可能代表着古希腊学者迪奥斯科里季斯。长矛手手持长矛和盾牌，头顶上有带翅膀的人物形象。在柱子的两侧跪着两个小人物，小人物正在各自祭祀一头公牛。图案整体呈圆形团窠状，圆形是由缠绕起伏的叶状图案环绕而成，圆形单元之间是以相切的方式排列。

附录9

织物名称：圆形图案

收藏地点：波士顿，艺术博物馆（Museum of Fine Arts）；科隆，施努特根博物馆（Schnütgen Museum）

登记号：波士顿33.648，科隆N29

时间：公元9—10世纪

尺寸：34厘米×20厘米

产地：拜占庭

材质：丝绸，斜纹

残片描述：圆形的团窠图案内表现了狮身鹰首兽格里芬正在攻击四足动物的场景，圆形与圆形之间是由红色的小圆形连接。残片的地色为米白色，图案为红色。该残片出土于科隆薇薇蒂亚（Viventia）的圣乌尔苏拉（St. Ursula）墓中。

附录10

织物名称：圆形图案

收藏地点：伦敦，维多利亚与艾尔伯特博物馆

登记号：未知

时间：公元10世纪

尺寸：19.1厘米 × 38.7厘米

产地：拜占庭

材质：丝绸

残片描述：一排排蓝紫色的圆形形成了四方连续式的纹样骨架，底纹是由小菱形与小圆形相间而成。在每个单位圆形内都填充有一对带翼的四足动物，中间有一棵树，这对四足动物以树为对称轴呈左右对称排列，动物呈跃立扑击状。残片的地色为褐色（最初可能是浅紫色）。

附录11

织物名称：丘尼克的残片

收藏地点：拉文纳，阿尔西夫斯科维尔博物馆（Museo Arcivescovile）

登记号：未编号

时间：公元8—9世纪

尺寸：长约150厘米

产地：拜占庭

材质：丝绸

残片描述：黄色的丝绸上饰有紫红色的克拉比装饰条纹。

附录12

织物名称：残片

收藏地点：纽约，库珀·休伊特博物馆（Cooper-Hewitt Museum）

登记号：1902-1-212

时间：公元8—9世纪

尺寸：25厘米 × 18.5厘米

产地：拜占庭

材质：丝绸，平纹复纬斜纹

残片描述：残片中央有X形的花卉图案，并饰以条纹装饰。在X形的花卉之间还有小的椭圆形图案，椭圆形内或饰以小鸟，或饰以掌叶纹。残片的地色为海军蓝，图案由绿色、黄色和棕褐色交织而成。

附录13

织物名称：圆形图案

收藏地点：纽约，库珀·休伊特博物馆

登记号：1902-1-214

时间：公元7—11世纪

尺寸：30.5厘米 × 16.5厘米

产地：拜占庭

材质：丝绸，平纹复纬斜纹

残片描述：残片中能看到两个圆形图案，圆形与圆形之间相切布局，在圆形内填充有狮身鹰首兽格里芬，圆形边缘为叶形图案。格里芬是由棕褐色、淡紫色和深绿色交织而成，残片的地色为深蓝色。

图录

图1　皇后欧多西亚及其儿子利奥和亚历山大的肖像画，公元879—883年，巴黎，法国国家图书馆，MS GR. 510, fol. Br

图2　基弗鲁斯·弗卡斯与家人的肖像画，公元965—969年，大鸽房教堂壁画，卡帕多西亚卡武辛，作者拍摄

图3 尼基弗鲁斯·布林尼乌斯与朝臣们的肖像画，公元1071—1081年，巴黎，法国国家图书馆，MS Coislin 79，fol. 2r

图4 拜占庭皇帝赫拉克利斯和家人们的肖像画，公元615—640年，意大利那不勒斯，国家图书馆，MS Ⅰ. B, fol. 18

图5　尼基弗鲁斯三世·布林尼乌斯和玛丽亚的肖像画，公元1071—1081年，巴黎，法国国家图书馆，MS Coislin 79, fol. IV

图6 男性肖像画简图，作者绘制
(a) 约翰·恩塔玛提科斯，公元11世纪，卡帕多西亚，土耳其，卡拉巴斯·基利斯教堂
(b) 不知名的男性形象，公元11世纪，卡帕多西亚，土耳其，卡拉巴斯·基利斯教堂
(c) 迈克尔·斯凯皮德斯，公元11世纪，卡帕多西亚，土耳其，卡拉巴斯·基利斯教堂
(d) 西奥多·加布拉斯，公元11世纪，圣彼得堡，福音书插图，MS 291, fol. 2v
(e) 乐师形象，公元10世纪晚期至11世纪早期，卡帕多西亚，土耳其，圣西奥多教堂，奥塔希萨尔
(f) 里昂的肖像画，公元11世纪，卡帕多西亚，土耳其，卡瑞克里·基利斯教堂
(g) 聚集的男子群像局部，“基督进耶路撒冷”，公元11世纪，卡帕多西亚，土耳其，卡瑞克里·基利斯教堂

拜占庭帝国的继承方式

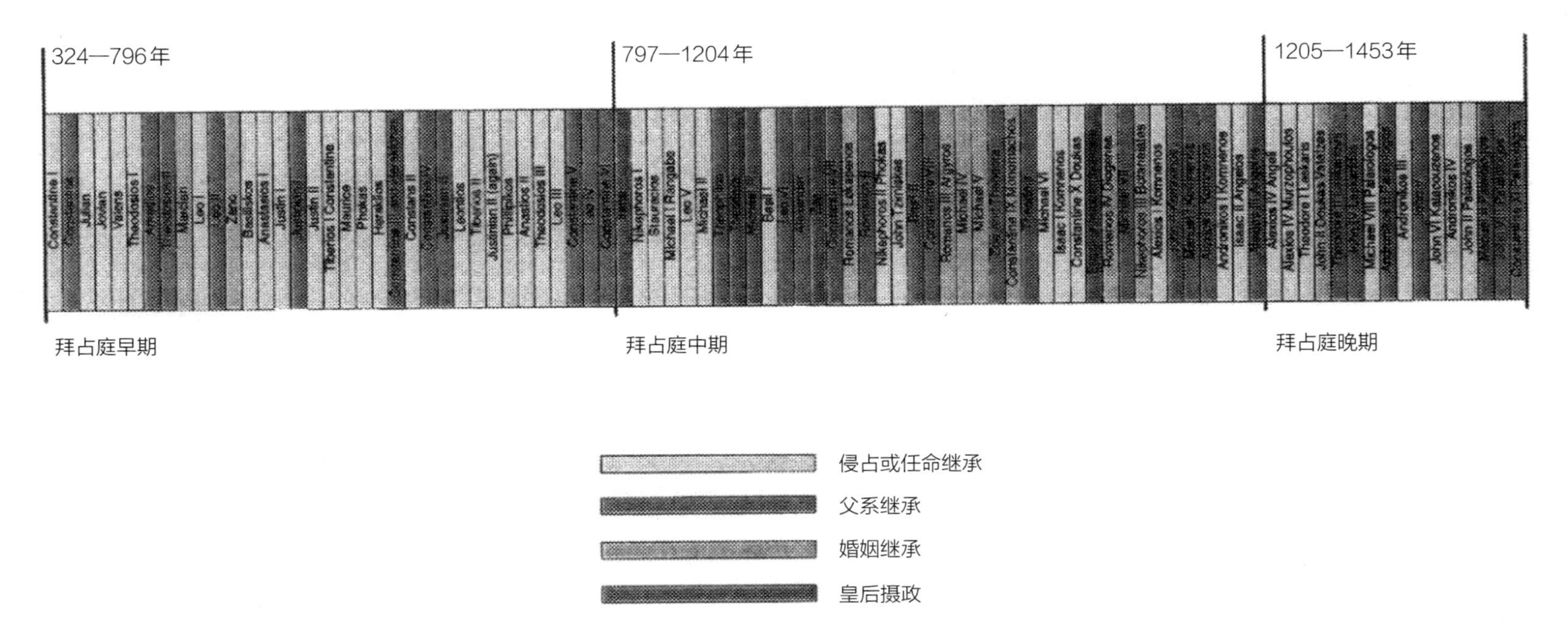

图7　拜占庭皇室继承表，作者制作

图8 拜占庭皇帝亚历克西斯一世肖像画，手抄本《帕诺波利教义》，公元11世纪晚期，梵蒂冈使徒图书馆，MS Gr. 666, fol. 2r

图9　格鲁吉亚统治者达维特三世，公元963—966年，奥斯基教堂的外墙立面，土耳其，莎拉·布鲁克斯拍摄

图10 获胜的巴西尔二世正践踏着保加利亚敌人，公元1017年，威尼斯，马尔恰纳国家图书馆，MS Z 17, fol. Ⅲ

（a）

（b）

（c）

图11　女性肖像画，作者绘制
（a）艾琳·加布拉斯，圣彼得堡，福音书，MS 291，fol. 3r，公元11世纪
（b）欧多西亚，圣但以理教堂，卡帕多西亚，土耳其，公元11世纪
（c）未知女性，卡拉巴斯·基利斯教堂，卡帕多西亚，土耳其，公元11世纪

图12　外国公主与拜占庭皇帝的婚姻，公元12世纪，梵蒂冈城，梵蒂冈使徒图书馆，MS Gr.1851

图13　利奥·萨克莱里奥与圣母，梵蒂冈使徒图书馆，MS Gr.1, fol. 2v

图14　圣母和捐赠者的肖像，萨利姆·基利斯教堂，卡帕多西亚，土耳其，公元11世纪，作者拍摄

图15　安娜·拉丁的肖像画，阿纳吉罗瓦大教堂，卡斯托里亚，希腊，公元12世纪晚期，作者拍摄

图16　安娜·卡兹尼茨的肖像画，卡斯尼泽尼古拉教堂，卡斯托里亚，希腊，公元12世纪晚期，作者拍摄

图17　格雷戈里向穷人施舍的场景，《格雷戈里·纳齐安祖斯的布道书》，公元12世纪，巴黎，法国国家图书馆，MS Gr. 550, fol. 51r

图18　约瑟夫，奥塔希萨尔的圣西奥多教堂，公元10世纪末至11世纪初，卡帕多西亚，土耳其，作者拍摄

图19　猎人，《论狩猎》，公元10世纪末至11世纪初，威尼斯，玛西安娜国家图书馆，MS Z 479, fol. 56v

图20　捕鸟者，《论狩猎》，公元10世纪末至11世纪初，威尼斯，玛西安娜国家图书馆，MS Z 479, fol. 13r

图21　休息中的男子们，《论狩猎》，公元10世纪末至11世纪初，威尼斯，玛西安娜国家图书馆，MS Z 479, fol. 21r

图22　圣徒阿塞斯马斯和约瑟夫与艾萨拉斯，《巴西尔二世的教会服务书》，公元979年之后，梵蒂冈，梵蒂冈使徒图书馆，MS Gr. 1613, fol. 157

图23　乐师的大理石雕塑，公元11世纪，伊斯坦布尔考古博物馆，作者拍摄

图24　杂技演员的大理石雕塑，公元12世纪，伊斯坦布尔考古博物馆，作者拍摄

图25　亚当和夏娃正在工作的场景，拜占庭中期的象牙浮雕板，公元10—11世纪，大都会艺术博物馆，纽约（17.190.139）

致谢

本书是我在纽约大学美术学院攻读博士学位的论文基础上完成的，所以，我首先要感谢我的博士论文导师汤姆·马修斯（Tom Mathews），在写作过程中他给予了我细心的指导和巨大的帮助。同时，我也非常感谢海伦·埃文斯（Helen Evans）女士，她总是从自己繁忙的工作中抽出时间来鼓励我，不仅帮助我获得了大都会博物馆的预科博士奖学金，而且一直为我的写作提供便利条件。本书获得了普林斯顿大学的希腊研究博士后项目的慷慨资助，我在普林斯顿大学工作期间，有幸得到了几位同事的建设性意见，特别是迪米特里·高迪卡斯（Dimitri Gondicas）先生和彼得·布朗（Peter Brown）先生，他们对我研究中的一些问题给出了很好的建议。另外，我还远赴欧洲考察，整理了分布在土耳其和希腊地区的与世俗服装相关的大量图像资料。我衷心感谢与我同行的莎拉·布鲁克斯（Sarah Brooks），我们一起经历了许多艰难险阻，比如为了前往卡帕多西亚偏远的洞穴教堂，我们跋山涉水穿越了冰封的山谷与河流。我还要感谢那些给我的研究提供过很多宝贵建议的人们，如沃伦·伍德芬（Warren Woodfin）、西西里·希尔斯代尔（Cecily Hilsdale）、罗伯·霍尔曼（Rob Hallman）、玛丽亚·帕拉尼（Maria Parani）、德里克·克鲁格（Derek Krueger）、汤姆·戴尔（Tom Dale）和玛丽安·卡洛（MaryAnn Calo）等。我也非常感谢本书的编辑——邦妮·惠勒（Bonnie Wheeler）、安妮·迈克兰尼（Anne McLanan）、法里德·库黑-卡玛里（Farideh Koohi-Kamali）。我也感谢那些曾经给予我帮助的所有人。最后，此书献给我的丈夫戴夫（Dave），他一直陪伴着我完成全部的考察工作，并为我提供了很多技术上的支持，使我能够沐浴在爱和温暖中完成本书的写作。